Der Wald

und

die Gesetzgebung.

———

Der

Wald und die Gesetzgebung.

Von

Ludwig Heiß,
Königlich bayerischer Forstmeister zu Winnweiler.

Berlin.
Verlag von Julius Springer.
1875.

ISBN-13: 978-3-642-93991-4   e-ISBN-13: 978-3-642-94391-1
DOI: 10.1007/978-3-642-94391-1

Softcover reprint of the hardcover 1st edition 1875

Vorwort.

Der so sehr zeitgemäße Antrag des Abgeordneten Louis auf Erlaß eines Gesetzes über Schutzwaldungen, eingebracht in der 45. Sitzung der bayerischen Kammer der Abgeordneten vom Jahre 1874, hat den Verfasser bestimmt, seine schon seit Jahren gesammelten Notizen, und theilweise fertig gestellten Abschnitte vollständig auszuarbeiten, und zu einem Ganzen zu vereinigen. Nach des Verfassers Ansicht ist für Bayern wenigstens ein Waldschutzgesetz nicht genügend, sondern es muß überhaupt an die Reform der ganzen Forstgesetzgebung gegangen werden, wenn dem Walde vollständig geholfen werden soll.

Da das kleine Werk hauptsächlich für Laien bestimmt sein soll, so mußte manche sonst nicht nothwendige Erläuterung gegeben, mancher Abschnitt danach behandelt werden; manches kürzer, manches ausführlicher dargestellt werden.

Die Kritik möge bei der Beurtheilung der kleinen Schrift diesen Zweck im Auge behalten, und nicht vergessen, daß es in mancher Beziehung schwieriger ist für Laien, als für Fachgenossen zu schreiben.

Im Abschnitt VII habe ich mich beinahe nur auf das bedeutende Werk von Hrn. Professor Dr. Ebermayer gestützt, und zwar mit spezieller Erlaubniß des Herrn Verfassers, wofür ich ihm hiemit öffentlich meinen Dank ausspreche.

Ich glaube, der Sache des Waldes wird durch solche, für den Laien bestimmte Auszüge viel gedient, da das große Werk ja nur selten in die Hände desselben gelangt und studiert wird.

Auf die Laienwelt, und namentlich auf die gesetzgebende und verwaltende zu wirken, scheint mir aber um so nothwendiger, als wir Forstwirthe nicht dazu kommen, unsere Ansichten in der Kammer der Abgeordneten selbst zu vertreten, und als wir der Mitwirkung der Verwaltung bei Durchführung von so manchen Maßregeln zum Heile des Waldes oft bedürfen.

Wenn der Verfasser auch nur ein kleines Scherflein dazu beiträgt, daß dem Walde endlich sein ganzes Recht werde, dann ist der Zweck dieser Schrift erreicht, und in diesem Sinne widmet er dieselbe allen Freunden des Waldes mit der aufrichtigen Bitte, daß Jeder in seinem Kreise seine ganze Kraft für die Herbeiführung besserer Zustände einsetze.

Inhalts-Verzeichniß.

		Seite
Einleitung		1
I. Abschnitt.	Die Kulturentwicklung und der Wald	4
II. =	Die Bedingungen des Waldwuchses und einer rationellen Forstwirthschaft	9
III. =	Der Uebergang vom Urwalde in den Wirthschaftswald	16
IV. =	Der Wirthschaftswald und die Raubwirthschaft	21
V. =	Die Bewaldung Bayern's und der dermalige Zustand derselben	30
VI. =	Natur und Entstehung der Nutzungsrechte (Servitute) in den Waldungen, deren Schädlichkeit in verschiedener Beziehung	54
VII. =	Der Wald und seine außerforstliche Bedeutung	88
VIII. =	Die Gesetzgebung in Beziehung auf die Forstberechtigungen	106
IX. =	Die Hoheitsrechte in Beziehung auf den Wald	135
X. =	Einwirkung der Regierung auf die Privatwaldwirthschaft	187

Einleitung.

Es ist gewiß eine auffallende Erscheinung, daß die Nothwendigkeit der Erhaltung unserer Waldungen von Jedermann zugestanden wird, und daß dennoch in dem Zustande eines großen Theiles derselben seit Jahrhunderten keine Besserung, sondern vielmehr eine Verschlechterung eingetreten ist. — Wol haben bedeutende Naturforscher, wie z. B. Roßmäßler, ihre Stimme für die Erhaltung des Waldes erhoben und ihn durch populär geschriebene Werke „unter den Schutz des Wissens Aller gestellt;" wol haben Nationalökonomen, wie Dr. Rentzsch, Dr. Contzen ec., in gekrönten Preisschriften, öffentlichen Vorträgen ec. die Wichtigkeit des Waldes im Haushalte der Natur und der Völker nachgewiesen; wol sind von Naturforschern und Forstwirthen, wie Dr. Hanstein, Krohn, Fischbach, Dr. Bonhausen, Ed. Ney, Dr. Baur, Schuberg, dem Verfasser selbst ec., größere und kleinere Werke und Broschüren erschienen, worin das Krebsübel des Waldes, die Streunutzung, bekämpft wurde; wol haben die Forstversammlungen schon oft ihre Stimme erhoben und für den hart bedrängten Wald Schutz verlangt; aber was hat dies Alles genützt? Leider wenig, sehr wenig, denn wenn auch die Erkenntniß von der Bedeutung des Waldes Fortschritte gemacht hat, und wenn auch unter den Gebildeten sich nach und nach die Ueberzeugung Bahn bricht, daß wir Forstwirthe nur im Interesse des allgemeinen Wohles für die Erhaltung des Waldes kämpfen, so hält dies doch den Ruin desselben nicht auf, da haupt=

sächlich die Landbevölkerung, und namentlich wieder der ärmere Theil derselben aus Unverstand und Egoismus an dem Marke des Waldes zehrt; gegen Egoismus und Unverstand aber helfen nur strenge Gesetze und deren energische Handhabung.

Daß die Gesetzgebung in Beziehung auf den Wald aber noch in keinem Lande das erreicht hat, was sie erreichen muß, ja nicht einmal das, was sie erreichen wollte, ist wieder eine Eigenthümlichkeit des Waldgewerbes, bei dem Saat und Ernte, Beginn und Erfolg so weit auseinander liegen, bei dem die Erkenntniß des Uebels oft erst kommt, wenn es zu spät ist, denn nur der scharfe Blick des Technikers erkennt unter dem noch grünen Blätterdache die schleichende Krankheit, die Bodenzehrung, die den Wald ebenso unerbittlich dahin rafft, wie die Auszehrung den Menschen.

Eine andere Eigenthümlichkeit ist es, daß der Wald länger wie jedes andere Gut Gemeingut aller Menschen war, und daß es noch recht tief im Volksbewußtsein steckt, die Aneignung von Waldprodukten sei kein Diebstahl, denn das Holz wachse ja ohne Zuthun der Menschen; diesem Volksglauben haben aber beinahe alle Gesetzgebungen bis jetzt noch mehr oder minder Rechnung getragen.

Wie Bernhardt in seiner Geschichte des Waldeigenthums so schön auseinandersetzt, so hat man durch die Vernichtung des gemeinschaftlichen Markenbesitzes den so leicht angrifflichen Wald auch dem Bauer gegenüber schutzloser hingestellt; man hat ihm das Interesse an der Erhaltung genommen, was freilich auch am gemeinschaftlichen Besitz eine gewisse Grenze hat, denn der Trieb des Eigennutzes, der beste und schlimmste Trieb des Menschen, will den gemeinschaftlichen Besitz zwar vom Nachbar geschont wissen, für sich selbst aber möchte er den möglichst großen Nutzen aus demselben ziehen; die Wichtigkeit dieser Anschauung finden wir bei jedem Gemeindewalde bestätigt.

Auch die mangelnde Einsicht in die Eigenthümlichkeiten des Waldgewerbes und der Forstwirthschaft von Seite der Staatsverwaltung einerseits und die beschränkte, einseitig sachliche Ausbildung der Forstwirthe anderseits haben viel dazu beigetragen, daß die Gesetzgebung entweder mangelhaft wurde oder blieb, oder aber nicht zur vollständigen Durchführung kam. — Das Gefühl der Nothwendigkeit der Walderhaltung und früher noch mehr die Furcht vor Holzmangel haben zu einer Bevormundung des Privatwaldbesitzers geführt, welche nur der Entwicklung einer gesunden Forstwirthschaft hindernd in den Weg trat, keineswegs aber den eigennützigen oder kurzsichtigen Besitzer zwingen konnte, richtig zu wirthschaften, oder auch nur verhindern konnte, seinen Wald zu devastiren; es ist eben ungewöhnlich schwierig und würde ein Heer von Ueberwachungsbeamten fordern, wenn man jede den Wald schädigende Maßregel von Seiten des Besitzers rechtzeitig verhindern wollte.

Die Aufgabe der Staatsgewalt kann also in Zukunft nur die sein: Entlastung des Waldes und Hinwegräumung aller Hindernisse, welche die Entwicklung der Forstwirthschaft hindern; Freiheit des Waldeigenthums, wenn nicht nachgewiesene höhere, allgemeine Rücksichten Beschränkung verlangen.

Erster Abschnitt.
Die Kulturentwicklung und der Wald.

Der Kampf gegen den Wald ist viel älter als der für den Wald, und er hatte auch seine volle Berechtigung, so lange der Wald der höhern Bodenkultur hindernd im Wege stand, so lange er im Uebermaße vorhanden war und dadurch auch noch das Klima rauh und unwirthlich machte[1]), so lange er schädlichen Raubthieren Aufenthalt und Schlupfwinkel gab.

Der Kampf gegen den Wald bestand früher hauptsächlich darin, daß man Wälder ausrottete, um Platz für den nothwendigen und viel höher rentirenden Ackerbau zu gewinnen; er war also auf Verminderung der Waldfläche gerichtet, und trachtete hauptsächlich danach, das Gelände zu gewinnen, was vermöge seiner Lage und seiner Bodenverhältnisse sich am Besten zum landwirthschaftlichen Betriebe eignete; der sog. absolute Waldboden blieb größtentheils — auch Ausnahmen sind vorgekommen — mit Wald bestockt. Dieses günstige Verhältniß hat sich in einigen Gegenden mit der steigenden Bevölkerung und beim extensiven Betriebe der Landwirthschaft nach und nach dahin geändert, daß auch Flächen mit absolutem Waldboden entholzt und zum landwirthschaftlichen Betriebe gezogen wur-

---

[1]) Man vergleiche die klimatischen Zustände des alten Germanien, wie sie Tacitus und Cäsar beschreiben, mit unsern dermaligen.

den. Freilich rächte sich dieser wirthschaftliche Mißgriff bald, denn nach wenigen Jahren, — nachdem das von der Verwesung der Baumabfälle aufgespeicherte Nährkapital verzehrt war, — sank der Ertrag dieser Flächen so sehr, daß er nicht einmal mehr die auf den Anbau verwendete Arbeit bezahlte, wenn auch ihr Preis noch gering war; von einer Bodenrente war bei solchen Grundstücken natürlich niemals die Rede. Der weitaus größte Theil derselben, dem kleinen Bauer gehörig, liegt nun öde oder ist mit Gestrüpp und Buschholz kümmerlich bestockt; manchmal kaum noch als geringes Weideland dienend. Doch da sich im größten Theil von Deutschland und namentlich auch in Bayern die Eigenthumsverhältnisse, — worüber später mehr, — des Waldes gesund entwickelten, so haben diese Entwaldungen, wenn auch immerhin nachtheilige wirthschaftliche Fehler von nicht zu unterschätzender Bedeutung, doch wenigstens keinen allgemein schädlichen Einfluß auf die volkswirthschaftlichen Zustände geäußert.

Wenn wir diesem Kampfe gegen den Wald, soweit er die Eroberung des irgend nachhaltig zur landwirthschaftlichen Benutzung geeigneten Geländes anbelangt, seine volle Berechtigung nicht absprechen können, weil es in der ersten Zeit ein Kampf der Kultur gegen die Barbarei und später ein Kampf um's Brod war, an dessen Ausgang die höchsten Interessen der sich entwickelnden Kulturvölker gebunden waren, so verhält es sich ganz anders mit dem Kampfe, welcher zwar langsam, aber schon seit langer, langer Zeit gegen den Bestand des absolut nothwendigen Waldes, gegen die bessere innere Gestaltung desselben, gegen den rationellen, intensiven Waldbau geführt wird.

Wenn nun auch nicht zu läugnen ist, daß dieser Kampf eine theilweise Folge — aber keine nothwendige — der zunehmenden Bevölkerung ist, so kann doch auch nicht bestritten werden, daß die Ursachen andere waren und sind; es müssen hierzu gerechnet werden:

1. der unrationelle Betrieb der Landwirthschaft von Seite der Kleinbesitzenden, namentlich in Waldgegenden, welcher die fortgesetzte Ursache der inneren Vernichtung, der schleichenden Devastation der Wälder ist;
2. die durchaus mangelhafte Gesetzgebung in Beziehung auf den Wald, welche ihm allein die Fesseln der Servitute belassen und ihn gegenüber anderem Eigenthum rechtlich benachtheiligt, oft sogar beinahe schutzlos gestellt hat;
3. die sehr unvollkommenen Kenntnisse vom Walde, seiner Eigenart, seiner Bewirthschaftung und seiner Bedeutung im Haushalte der Natur und der Völker; Kenntnisse, welche nicht blos den Ungebildeten, sondern auch einem großen Theile der Gebildeten und leider auch einem Theile der Staatsbeamten aller Kategorieen abgehen.

Diese mangelnde Einsicht von der unbedingten Nothwendigkeit der Erhaltung des Waldes in gutem, höchst produzirendem Zustande läßt immer noch das Vorurtheil bestehen, als wären Eingriffe in das Waldeseigenthum keine Diebstähle, entschuldigt selbst bei den Gebildeten dieselben mehr und beeinflußt auch überall den Gesetzgeber, die mildesten, nicht selten beinahe unwirksamen Gesetze in Beziehung auf Waldschutz herzustellen.

In welcher Art und Weise diese drei Ursachen an der Schädigung und Zerstörung des Waldes mitgewirkt haben, davon später mehr. —

Wenn wir im Vorhergehenden kurz den Kampf gegen den Wald geschildert haben, so erübrigt nur noch, den Kampf für denselben einer raschen Betrachtung zu unterziehen. Es ist eine geschichtlich nachgewiesene Thatsache, daß Deutschland die Erhaltung eines Theiles seiner Waldungen, namentlich der großen, zusammenhängenden Gebirgswaldungen der Jagdleidenschaft seiner Bewohner mit verdankt, denn die Jagd warf noch im Mittelalter in der Regel höhere Erträge ab, als die übrigen Nutzungen, auch war sie in den

Zeiten der immerwährenden kleinen und großen Fehden und Kriege eine gute Vorbereitung für dieselben und überhaupt ein an- und aufregendes Vergnügen, was sie auch immer bleiben wird. Erst im Anfange des vorigen Jahrhunderts, als sich aus den Jägern all= mälig Förster herausbildeten und als theilweise höhere Holzpreise, theilweise drohende oder auch eingebildete Holznoth den Wald auch als solchen und nicht blos als Jagdtummelplatz schätzen lernten, wurde auch an Waldpflege und Waldschutz gedacht; abgesehen da= von, daß schon zwei Jahrhunderte vorher da und dort Forstord= nungen erschienen, welche dasselbe bezweckten. Wie sich die Gesetz= gebung in dieser Beziehung entwickelte, werden wir später sehen; hier sei nur noch erwähnt, daß schon die ersten Anfänge des Kampfes für den Wald gegen die Landwirthschaft gerichtet waren, denn wie es jetzt die Streuwirthschaft ist, gegen die sich alle Forstwirthe er= heben, so war es damals die extensive Weidewirthschaft, welche den Wald in seinem Bestande bedrohte; ihre Einschränkung war daher auch das Ziel der meisten alten Forstordnungen. Diese Gesetze griffen aber auch ganz im Geiste der damaligen Gesetzgebung rück= sichtslos in die Privatwaldwirthschaft ein, scheinen aber ebenso wenig wie heut zu Tage streng in Vollzug gesetzt worden zu sein.

Mit dem Beginne dieses Jahrhunderts machte sich bei den Nationalökonomen und staatswirthschaftlichen Schriftstellern eine den Kern unserer Waldungen sehr bedrohende Ansicht geltend. Eine große Anzahl derselben verlangte nämlich in theoretischer Befangen= heit, und die in mancher Beziehung so gesunden Lehren der physio= kratischen Schule und noch mehr die Grundsätze des Systems des großen Schotten A. Smith einseitig auffassend, nicht blos die gänzliche Befreiung der Privatwaldwirthschaft von jeder staatlichen Aufsicht, sondern auch den Verkauf sämmtlicher Staatswaldungen[1].

---

[1] Razzi, Die ächten Ansichten der Waldungen und Forsten, Mün= chen 1805; Dr. Murhardt, Ideen aus dem Gebiete der Nationalökonomie, Göttingen 1808, und vor Allen Pölitz, Staatswissenschaft, Leipzig 1823.

Diese Ansicht bekämpften einige Nationalökonomen[1], vor Allen verschiedene Forstwirthe, die das Eigenartige des Waldes und des Waldgewerbes klarer erkannten und in dem Zustande der Privatwaldungen ein warnendes Beispiel vor Augen hatten[2].

Der Kampf der neuesten Zeit, welche die hohe Wichtigkeit des Waldes in jeder Beziehung klar nachgewiesen hat, ist auf Entfernung der fesselnden Servitute, als Hindernisse der rationellsten Bewirthschaftung und der Gewinnung des höchsten Reinertrages, gerichtet, ebenso auf Einführung eines Wirthschaftssystems, welches die Nachhaltigkeit des Betriebes in erster Linie in der Erhaltung der Bodenkraft sucht.

Erhaltung des Waldes überall, wo er im Landeskulturinteresse nothwendig ist und wo dessen Abtrieb oder Devastation das Interesse des ganzen Staates oder einzelner Theile desselben schwer schädigen würde; intensivste Bewirthschaftung der Staats- und Gemeindewaldungen, das ist wohl die Parole des neuesten Kampfes, dem auch diese Schrift gewidmet sein soll.

---

[1] Gr. von Soden, Die Staatsfinanzwissenschaft nach den Grundsätzen der Nationalökonomie, V. Band, Leipzig 1811; auch Schmitthener, zwölf Bücher vom Staat, 2. Aufl., Gießen 1839, will die Waldungen nicht so ganz unbedingt in Privathänden wissen, ebenso später Rau, Lehrbuch der politischen Oekonomie, I. Band, S. 451.

[2] C. Roth, Theorie der Forstgesetzgebung, München 1841; v. Berg, Die Staatsforstwirthschaftslehre, Leipzig 1850; Pfeil, Grundsätze der Forstwirthschaft, 1822, ist im Prinzip für den freien Privatbesitz, hält jedoch die Zeit des Verkaufes der Staatswaldungen noch nicht für gekommen.

Zweiter Abschnitt.

Die Bedingungen des Waldwuchses und einer rationellen Forstwirthschaft.

Die Bestandtheile des Waldes, die Holzgewächse, bedürfen zu ihrer Entwicklung derselben Grundfaktoren wie die Pflanzen des landwirthschaftlichen Betriebes: des Bodenraumes als Haftpunkt, der Bodenbestandtheile, der Luft und des Wassers als Nahrungsquellen, der Sonnenstrahlen als Vermittler der Aufnahme und Ausscheidung. Im volkswirthschaftlichen Sinne sind nun Produktionsfaktoren, d. h. aneignungsfähige Güter: Boden und Bodenraum; freie Güter die übrigen[1]).

Wichtiger für unsere Zwecke ist die Ausscheidung der Produktionsfaktoren in solche, welche der Mensch vermehren und vermindern kann, und in solche, welche für ein gegebenes Land stabil sind. Mit dieser Ausscheidung und mit der Anerkennung des Bodens als „aneignungsfähig" beginnt der Wirthschafts- oder Kulturwald; auch

---

[1]) Sonnenstrahlen, d. h. Wärme und Licht, sind im strengen Sinne des Wortes keine freien Güter, d. h. solche, von welchen man sich aneignen kann so viel man will, denn ein bestimmtes Grundstück erhält je nach der örtlichen und geographischen Lage immer nur eine bestimmte Summe davon, das eine mehr, das andere weniger; der Preis der Weinberge je nach der Lage spricht ganz entschieden für diese Auffassung.

treten nunmehr die Unterschiede zwischen Forst- und Landwirthschaft sowol in Beziehung auf die natürlichen als volkswirthschaftlichen Bedingungen des Gedeihens hervor. Mit dem Kulturwalde beginnt auch die Einwirkung des menschlichen Produktionsfaktors: der „Arbeit" und des „Kapitals"[1]).

Der Bodenraum ist im Allgemeinen und in Beziehung auf ein gegebenes Grundstück ein unveränderlicher Faktor, die Bodenbestandtheile dagegen sind einer fortwährenden Veränderung fähig und unterworfen; sie sind dies nicht blos in Beziehung auf ihre aktive Nährfähigkeit, wie Menge und leichte Löslichkeit der Nährstoffe, sondern auch in Beziehung auf ihr passives Verhalten gegen die übrigen Wachsthumsfaktoren, wie Konsistenz des Bodens, Wärmeaufnahms- und Strahlungsvermögen, Wasserabsorptionsfähigkeit ꝛc.

Hier tritt nun ein Hauptunterschied in den natürlichen Bedingungen des Gedeihens zwischen Land- und Forstwirthschaft hervor, denn eines der Fundamente der ersten ist die Düngung und Bewässerung, d. h. die Vermehrung oder wenigstens der Ersatz der durch die Produktion dem Boden entzogenen Nährstoffe. Aber auch das passive Verhalten des Bodens verändert die Landwirthschaft, indem sie z. B. durch Tiefpflügung die unteren Bestandtheile nach oben bringt, durch Aufbringung und Mengung von dunkler Erde die Absorptionsfähigkeit der Sonnenstrahlen erhöht, durch Drainage den Feuchtigkeitszustand verändert ꝛc.

Die rationelle Landwirthschaft ergänzt den Verbrauch durch künstlichen Ersatz und kann sogar die verschiedenen Kulturpflanzen in einem solchen Wechsel aufeinander folgen lassen, daß die nachfolgende Art die von der vorhergehenden nicht verbrauchten Nährstoffe aufzehrt; sie kann die Düngung nach dem Verbrauch und Bedarf einrichten.

---

[1]) Man könnte auch „Arbeit" allein sagen, da Kapital nur aufgespeicherte Arbeit ist.

Die Bedingungen des Waldwuchses.

Die Forstwirthschaft kennt die Düngung und Bewässerung der Landwirthschaft nur in so beschränktem Maße, daß wir sie beinahe als nicht vorhanden betrachten können; die Düngung beschränkt sich auf Saat und Pflanzschulen und wird nur selten auf Beigabe von Kulturerde bei der Pflanzung ausgedehnt. Die Forstwirthschaft wendet im Großen nur die natürliche und passive Düngung — im Gegensatz der künstlichen und aktiven der Landwirthschaft — an und wird dies auch so bleiben, und zwar um so mehr, als der Wald einer aktiven Düngung nicht bedarf, wenn er naturgemäß bewirthschaftet wird. Wird der Wald sich selbst überlassen, so erhält er nicht blos, sondern vermehrt fort und fort die Bedingungen seiner Existenz und verjüngt sich ohne alles menschliche Zuthun von selbst. Der Vorgang der Selbstverjüngung läßt sich an den Resten der vorhandenen Urwaldungen[1]) heute noch beobachten. Durch Alter entstandene Hinfälligkeit, Sturm oder sonstige zerstörende Naturereignisse lassen eine Lücke im Walde entstehen, welche sofort von den Nachkommen der stehenden Riesen ausgefüllt wird, denn jedes abfallende Samenkorn findet in dem lockern, humusreichen Boden, in der feuchten Waldatmosphäre ein fruchtbares Keimbett und von den nächststehenden Mutterbäumen Schutz und Schirm. Der fallende Riesenbaum reißt eine solche Lücke in den Wald, daß die folgende Generation gedeihen kann, und zugleich dient sein modernder Körper den jungen Pflanzen als Dunggrube, denn nicht selten steht der junge Nachwuchs in gerader geschlossener Reihe auf dem faulenden Stamme und nach seiner völligen Verwesung wie auf Stelzen. Entnommen wird dem Walde nichts, und es muß sich also im Laufe von Jahrhunderten und Jahrtausenden durch die fortgehende Verwesung von Pflanzen und Pflanzentheilen eine ungeheure Fülle von Kraft aufhäufen. Aber nicht blos im Urwalde, sondern selbst im gut gepflegten Kulturwalde können wir

---

[1]) Im bayerischen Hochgebirge, bayerischen Wald und Böhmen.

den Vorgang der Vermehrung der Existenzbedingungen sehen; es ist dies der Zustand des Waldes im Aufschwung. Beobachten wir einen durch menschliche Kunst auf dem natürlichen Wege, d. h. also durch den Samenabfall der Mutterbäume und allenfallsige Nach= hülfe durch künstliche Pflanzung, verjüngten Wald, so werden wir finden, daß nach eingetretenem Schlusse des jungen Waldes — wenn also die Kronen der einzelnen Stämmchen sich so ausgebreitet haben, daß keine Lücke mehr vorhanden ist, durch die das Sonnen= licht den Boden bescheinen kann — durch die Verwesung der ab= fallenden Blätter, dürren Zweige und Stämmchen eine rasche Ver= mehrung der Bodenkraft stattfindet, wenn keinerlei Abfälle entnommen werden. In großen, geschlossenen Waldkomplexen, wo das geringe Reiserholz noch keinen Gebrauchswerth hat, und wo Entwendungen von Baumabfällen in diesem Alter noch nicht statt= finden, ist die Entwicklung junger Waldungen ungestört von mensch= lichen Eingriffen noch zu beobachten. Das Vorhergehende dürfte beweisen, daß der Wald nur der passiven Düngung, d. h. des Be= lassens der Baumabfälle zu seiner höchst gedeihlichen Entwicklung bedarf; wie weit die Entnahme im Kulturwalde gehen darf, und wie sich der Wald unter der Hand des Menschen entwickelt, da= rüber in den folgenden Abschnitten. Wie der Wald aber keiner künstlichen Düngung bedarf, ebenso wenig hat der Boden desselben eine Veränderung seines räumlichen Zustandes nothwendig und tritt eine Bearbeitung erst dann ein, wenn die Menschenhand die natür= lichen Bedingungen des Waldwuchses zerstört hat.

Hat die Benutzung oder Mißhandlung des Waldes begonnen, und die Vermehrung der Existenzbedingungen unmöglich gemacht, so müssen Schutzmaßregeln getroffen werden. Der Entwicklungs= gang der Natur geht vom Niederorganisirten zum Höherorganisir= ten, denn erst nachdem durch Umbildung, Zerstörung und Verwitte= rung der Gesteine und Felsen vegetationsfähiger Boden geschaffen war, folgten auf Flechten, Moose und Algen Vegetabilien niederer

Ordnung, um den Bäumen, den höchst entwickelten Gewächsen, den Boden vorzubereiten. Eine reichere Fülle desselben war zur Haftung für die tief wurzelnden Bäume, die organischen Stoffe ihrer Verwesung zur anspruchsvollern Ernährung nothwendig. Der Boden gewann allmälig jenen lockeren, feuchten, den Wurzeln so zugänglichen Aggregatzustand, den jungfräulicher Waldboden selbst jetzt noch in jungen, geschonten Waldungen hat. Die fortwährende Erhaltung dieses Zustandes ist für das Gedeihen des Waldes zuträglicher als jede Bearbeitung und Veränderung.

Einen anderen, sehr bedeutenden Unterschied zwischen Land- und Forstwirthschaft bildet der Einfluß der räumlichen Zusammenlagen von Feld und Wald auf das Gedeihen der beiden Wirthschaften. Der Feldbau hat den geschlossenen Wald zuerst dort durchbrochen, wo er die besten Bedingungen zur Ansiedlung für Menschen, zum Bebauen des Bodens und Gedeihen der Früchte fand. Es waren dies nicht die Flußniederungen, sondern die höher gelegenen Ebenen, die mäßigen Abdachungen der Höhenzüge. Die Flußthäler und Tiefebenen waren entweder noch den Ueberschwemmungen ausgesetzt oder wenigstens naß und feucht, daher auch ungesund und unwohnlich; sie dürften erst in zweiter Linie unter den Pflug gestellt worden sein. Wenn nun der Feldbau auch dort besser gedeiht, wo er in größerer Ausdehnung betrieben, als wo er zu viel von Waldungen umschlossen und begrenzt wird, so ist eine öftere Unter- und Durchbrechung desselben dennoch keineswegs seinem Gedeihen hinderlich, im Gegentheil förderlich. Der Wald aber entwickelt sich im Gegentheil nur in großen, geschlossenen Massen vollkommen, und nur der Schälwaldbetrieb, bei dem aber nicht Holz-, sondern Rindeproduktion die Hauptsache ist, dürfte hiervon eine Ausnahme machen. Freilich liegt gerade auch in ausgedehnten Sandebenen oder in Gebirgsgegenden der absolute Waldboden in großer Ausdehnung beisammen, und hier ist es auch, wo eine großartige Nutzholzwirthschaft — die allein der Zukunft entspricht — zur höchsten Blüthe kommen kann.

Diese Zusammenlage der Waldungen hat zwar einerseits ihre Schattenseiten, ja sogar volkswirthschaftliche Nachtheile, indem die ohnedies schon schweren Waldprodukte durch den weiten Transport nach den entfernten Konsumtionsgebieten sehr vertheuert werden, anderseits aber werden dadurch Forst= und Landwirthschaft auf die Gebiete verwiesen, wo sie allein die höchsten Bodenreinerträge er= zielen können. Die dem Pfluge und der Hacke vermöge ihrer Lage und Bodenbeschaffenheit unzugänglichen Gebirge sind das eigentliche Waldgebiet, weil hier der Waldbau seine Wirthschaft mit dem möglichst geringsten Bodenkapitalaufwand belastet. In diese Ge= biete ist die Forstwirthschaft größtentheils verwiesen, leider aber selbst hier noch beinahe überall mit Fesseln belastet, die ihre freie Entwicklung stören und sie hindern, die höchsten Effekte zu erzie= len, d. h. mit dem geringsten Kraftaufwande die meisten und werth= vollsten Güter zu erzeugen.

Auch darf nicht übersehen werden, daß es gerade die Gebirgs= waldungen sind[1]), welche auf die klimatischen Verhältnisse, den Wasserreichthum ꝛc. einer Gegend oder eines Landes den größten Einfluß ausüben; aber nur der gesunde, geschlossene, mit voller, natürlicher Bodendecke versehene Wald erfüllt auch ganz die höhe= ren Aufgaben des Waldes; der verkrüppelte, lichte Kiefernwald, der elende Buschwald, die der Sonne und den Winden überall freien Zugang gestatten, gewähren keinen Schutz vor Ueberschwem= mung, tragen nicht zur Regulirung des Klimas bei und beherber= gen auch nicht sprudelnde Quellen und Bäche[2]).

---

[1]) Dr. Rentzsch, Der Wald im Haushalte der Natur und der Volks= wirthschaft. Gekrönte Preisschrift. S. 122: „Namentlich werden die Wäl= der auf den Höhen zu schonen sein, weil diese in klimatischer Hinsicht eine wichtigere Rolle spielen als die der Ebenen und Niederungen."

[2]) Dr. Rentzsch, Der Wald, S. 129: „Im großen Ganzen fehlt es

Die Bedingungen des Waldwuchses.

Die Bedingungen des Betriebs einer rationellen Forstwirthschaft sind also:

1. Unbedingte Eigenthumsfreiheit, denn so wenig die Landwirthschaft unter dem Drucke von Grundlasten, Zehnten ꝛc. gedeihen konnte, ebenso wenig kann ein intensiver Waldbau getrieben werden, wenn alle möglichen Rechte jede freie Bewegung hindern; darüber im zweiten Theile mehr.
2. Größerer, zusammenhängender Besitz wenigstens im Gebirge und beim Hochwaldbetriebe.
3. Wirksamer gesetzlicher Schutz gegen Beschädigungen und Entwendungen.
4. Passive Düngung, d. h. Belassung der Baumabfälle und Beschränkung der Ernte auf die Holzproduktion.

---

uns weniger an Wäldern, als an einer vollen Holzproduktion, als an festgeschlossenen lücken- und blößenfreien Beständen, welche die klimatischen Extreme wirksam zu reduziren vermöchten."

Dritter Abschnitt.

Der Uebergang vom Urwalde in den Wirthschaftswald.

Diesen Uebergang hat natürlich nur der Regulator aller Verhältnisse, das Bedürfniß, hervorgerufen. Der Uebergang war auch kein unmittelbarer, denn nachdem der eigentliche Urwald aus den meisten Gegenden Deutschlands und Bayerns schon lange beinahe ganz verschwunden war, konnte dennoch von einem Wirthschaftswalde noch keine Rede sein; dessen Beginn datirt erst von der Zeit des Erwachens der Forstwirthschaft, also von der Mitte des vorigen Jahrhunderts. Die Ansprüche an den Wald steigerten sich mit der Zunahme der Bevölkerung und ihren Kulturbedürfnissen, denn so lange Jagd und Viehzucht vorherrschten, waren Mast und Weide das Gesuchteste im Walde; das Bedürfniß an Holz aus dem Walde stieg erst mit der Entwicklung von gewerblicher und industrieller Thätigkeit; die Ansprüche an Streuwerk aus dem Walde stellten sich erst ein, als die Landwirthschaft ihren Boden stärker in Anspruch nahm, als sie den Anbau von Kartoffeln, Taback, Klee, Hopfen ꝛc., kurz von Gewächsen betrieb, welche stark bodenzehrend sind und kein Einstreu-Material liefern[1]), und nachdem sie ihren

---

[1]) Des Verf. Broschüre „Die Waldstreufrage." Neustadt a. H. 1866.

Betrieb auch noch auf Boden ausdehnte, welcher aus Mangel an anorganischen Nährstoffen stets eines starken Düngerzuschusses von außen bedurfte und bedarf.

Daß man in der Uebergangszeit die Waldprodukte dort nahm, wo man sie am nächsten fand — pläntern oder fehmeln nannte man diese Bezugsweise — ist sehr natürlich; ebenso, daß man es der gütigen Mutter Natur überließ, für Wiederbestockung zu sorgen[1]). Mit dem steigenden Werthe der Waldprodukte ist auch die Entnahme mehr geregelt worden, die empirischen Kenntnisse des anweisenden Försters haben in die Ernte der Waldprodukte etwas mehr Ordnung und System gebracht und auch auf die Wiederbestockung Rücksicht genommen. In die Zeit der Eigenthumsentwicklung und des Ueberganges fällt auch die Entstehung der Forstservitute, dieses Krebsübels der Waldungen, an welchem sie zu Grunde gehen werden, wenn nicht Abhülfe getroffen wird. Diese Ausnutzungswirthschaft der Waldungen mußte in Verbindung mit den Waldausstockungen, durch welche man immer mehr Boden für die landwirthschaftliche Produktion zu gewinnen suchte, nach und nach Wald- und Holzmangel oder wenigstens die Furcht vor zukünftigem Mangel entstehen lassen. Daß dieser Mangel in den stark bevölkerten Gegenden mit ausgedehntem landwirthschaftlichem Gelände theils wirklich vorhanden war, theils nahe bevor stand, beweisen einerseits die für die damaligen Geldwerthverhältnisse hohen Preise des Holzes, anderseits der Inhalt der vielen damals erschienenen Forstordnungen[2]); auch ist der theilweise Mangel sehr erklärlich, wenn man bedenkt, daß bei den damaligen Verkehrsmitteln ein weiter Transport des schweren Holzes gar nicht möglich war. Während also manche Gegenden in Folge gänzlicher Entblößung

---

[1]) Dr. Hundeshagen, Encyclopädie der Forstwissenschaft. I. Abth. Tübingen 1842.

[2]) vide darüber Stisser, Stahl, Moser, Dr. Meyer, der frühere und dermalige Stand der Waldungen und Jagden. Nürnberg 1851.

von Wald oder schlechten Waldzuständen schon anfingen, den Holz=
mangel oder wenigstens Holztheuerung zu spüren, waren in dem
Innern der unzugänglichen Gebirge noch Urwaldungen vorhanden.
Der Holzhandel und mit ihm die Ausbeute und Bewirthschaftung
der Waldungen konnte sich also nur in den Regionen entwickeln,
welche an Wasserstraßen gelegen sind. Im Innern der übrigen
Waldungen beschränkte sich die Benutzung gewöhnlich auf Gewin=
nung von Kohlen, Pottasche, Harz ꝛc., wenn nicht holzverzehrende
Industriezweige, wie z. B. Hochöfen, Glashütten ꝛc., eingebürgert
werden konnten.

Diese Periode, man kann sagen, der Ausnutzung, hat lange
genug gedauert, um die Waldungen in einen Zustand zu versetzen,
der einer regelmäßigen Bewirthschaftung große Hindernisse in den
Weg legte. Und doch, so regel= und rücksichtslos man damals den
Wald ausnutzte, so blieb er doch im Allgemeinen im bessern Zu=
stande, als der Wirthschaftswald jetzt manchmal ist, denn man ent=
nahm ihm damals in der Regel doch nur einzelne Produkte,
während der darauf folgende und namentlich der dermalige Kultur=
wald Alles liefern soll, wodurch eine bedenkliche und gefährliche
Raubwirthschaft eingeführt wurde.

Die erwachende Forstwissenschaft suchte mit Hülfe der alten
Erfahrungen und der Naturwissenschaften aus dem regellosen Plän=
terbetriebe zuerst in einen regelmäßigen und später in die Schlag=
wirthschaft überzugehen. Mit Hülfe der Mathematik, welche all=
mälig einen großen Einfluß auf die Forstwissenschaft gewann, wur=
den die Waldungen vermessen, in Schläge abgetheilt und nach Vor=
rath und Ertrag eingeschätzt. Aus der Forstwirthschaft, d. h. der
Kunst, die Waldungen nach bestimmten Regeln zu erziehen und zu
benutzen, entstand allmälig die Forstwissenschaft, die systematisch
geordnete Lehre von der zweckmäßigsten Behandlung der Waldungen[1]).

---

[1]) Cotta, Grundriß der Forstwissenschaft, 1843: „Die Forstwissen=

Der Uebergang vom Urwalde in den Wirthschaftswald.

Der Zustand unserer Waldungen kann also als das Produkt der Lehren der Forstwissenschaft, als das Kind der ältern und neuern Forstwirthschaft angesehen werden. Die Entstehungsgeschichte unserer ältern und ältesten Bestände — 100jährig und darüber — reicht also bis tief in's vorige Jahrhundert hinein.

Wenn der dermalige Zustand nicht blos manchmal, sondern sogar häufig ein nicht sehr befriedigender ist, so trifft die Forstwissenschaft nur insofern die Schuld, als ihre Vertreter nicht oft und energisch genug daran erinnert haben, daß die **Nachhaltigkeit des Betriebes nicht allein darin besteht, daß nur der Durchschnittszuwachs zur Nutzung gezogen wird, sondern noch viel mehr in der Erhaltung der Bodenkraft, daß aber eine nachhaltige Wirthschaft in diesem Sinne unmöglich ist, so lange der Wald nicht von allen Fesseln befreit ist, so lange denselben Eigenthümer und Berechtigte benutzen und ausrauben.**

Beim Erwachen der Forstwissenschaft waren die Waldungen im regellosesten Durcheinander, alle Altersklassen und verschiedene Holzarten standen neben- und übereinander; übermäßiger Wildstand und ausgedehnte Weidenutzung hatten dieselben überall stark beschädigt; übertriebene Anforderungen an Holz, namentlich an Brennholz — Kohlen und Torf waren beinahe unbekannt und an's Sparen dachte niemand, — hatten die Waldungen vielfach gelichtet und forderten fort und fort noch Befriedigung. Um diesen Uebelständen zu begegnen, suchte die Forstwissenschaft nach und nach einen schlagweisen Betrieb herzustellen, denn gerade die Weide-

---

schaft ist die Kenntniß der systematisch geordneten Lehr- und Grundsätze, die Waldungen so zu behandeln und zu benutzen, daß sie als solche den jedesmaligen Zweck am leichtesten und vollkommensten erfüllen." — Hundeshagen definirt, die Forstwissenschaft begreift: „die wissenschaftlich geordneten Grundsätze zu einer den zeitlichen und örtlichen Zwecken der Menschen möglichst angemessenen Behandlung der Wälder."

nutzung verträgt sich am wenigsten mit dem Plänterbetriebe; die starken Holzanforderungen wollte sie dadurch befriedigen, daß sie einen Theil der Waldungen — namentlich die den Ansiedlungen der Menschen zunächst gelegenen — auf den Stock setzte und auf diese Weise zum Nieder= und Mittelwaldbetriebe überging[1]).

Aus dem schlagweisen, mehr geregelten Plänterbetriebe ging man allmälig in den Hochwaldbetrieb[2]) über, und zwar machte sich die Lehre von der Erziehung ganz gleichalteriger, reiner, d. h. nur aus einer Holzart bestehender Bestände immer mehr geltend. Die Nachtheile des regellosen Plänterbetriebes lagen so klar vor Augen, daß man das zukünftige Heil des Waldes nur in der Erziehung ganz gleichförmiger Bestände zu finden hoffte. Nach und nach ver= ließ man auch noch in vielen Gegenden die natürliche Verjüngung, welche den Boden doch nie ganz entblößte, und schritt zum kahlen Abtrieb mit darauf folgender Ansaat oder Anpflanzung.

Die Theorie und die Schule beachteten viel zu wenig die Natur des Waldes und den Werth der Bodenschonung. — Jedoch ist es nicht der durch die gegebenen Verhältnisse manchmal unbe= dingt gebotene Kahlabtrieb, sondern die Art der Ausnutzung, welche den Ruin so mancher Waldungen auf dem Gewissen hat, und welche zur Raubwirthschaft führte.

[1]) Der Niederwaldbetrieb gründet sich auf die Fähigkeit unserer Laubholzarten, beim Abhiebe aus Stock und Wurzeln auszuschlagen, d. h. junge Triebe hervorzubringen, welche in einem Turnus von circa 15—40 Jahren immer wieder abgehauen werden. Der Mittelwald ist eine Verbindung von Hoch= oder Samenwald mit Nieder= oder Stock= ausschlagwald, in dem das Unterholz aus Stockausschlägen, das Ober= holz, welches 2—4 Umtriebe des Unterholzes übergehalten wird, aus Samenlohden, Pflänzlingen, besteht.

[2]) Unter Hoch= oder Samenwald versteht man die Betriebsart oder Wirthschaftsform, welche die Verjüngung oder Begründung von Wal= dungen durch den Samenabfall und entsprechende Schutzstellung der Mutterbäume — natürliche Verjüngung — oder durch Ansaat und Pflanzung — künstliche Verjüngung — bewerkstelligt.

Vierter Abschnitt.
Der Wirthschaftswald und die Raubwirthschaft.

———

Die Landwirthschaft hat das feste Dogma aufgestellt, daß dem Boden durch die jährliche Düngung alle die Stoffe wieder gegeben werden müssen, welche ihm durch die vorhergehenden Ernten entzogen wurden, und welche er für die reiche Ernährung der nachfolgenden Gewächse bedarf.

Da bei der Forstwirthschaft eine Düngung bisher nicht stattgefunden hat und wohl auch in Zukunft nicht stattfinden wird, so wäre nichts natürlicher, als den Grundsatz aufzustellen und die Bewirthschaftung danach einzurichten: wenn keine Düngung stattfindet, so muß dem Walde von seinen eigenen Erzeugnissen so viel gelassen werden, als zur Erhaltung einer wenigstens stets gleichen Menge von Nährstoffen im Boden nothwendig ist, denn Waldbenutzung ohne Ersatz ist Waldverschlechterung. Betrachten wir uns nun einmal die bestehenden Betriebssysteme, ihre Hauptnutzung, die gebräuchlichsten Nebennutzungen und endlich das Verhalten zum Boden: wir werden sodann sehen, in wie weit die verschiedenen Betriebssysteme dem oben aufgestellten Grundsatze mehr oder minder Genüge leisten.

a) Der Hochwaldbetrieb wurde bisher immer als diejenige Betriebsart bezeichnet, welche für die Bodenschonung am zuträglichsten sei, insbesondere von dem Gesichtspunkte seines mehr oder minder hohen Umtriebes, bei welchem eine Bloßlegung des Bodens nicht so oft eintritt. Wenn bei dieser Betriebsart der Abtrieb des alten Waldes sofort dann beginnt, wenn die Lichtstellung desselben ihren Anfang nimmt und bevor sich noch Gras und Forstunkräuter eingestellt haben, wenn ferner die natürliche Verjüngung unter dem Schutze des allmälig lichter gehauenen alten Waldes und mit raschester Zuhülfenahme künstlicher Einpflanzungen die Regel bildet, so ist dem Grundsatze der Bodenschonung wenigstens bei der Verjüngung genügt. Die im alten Walde aufgespeicherten Nährstoffe kommen dem Nachwuchse ganz zu gut, denn im Schatten des geschlossenen alten Waldes konnte kein bodenzehrendes Gras oder Unkraut aufkommen und keine Verflüchtigung des Humus und der Feuchtigkeit stattfinden. Soll diesem Grundsatze gemäß weiter gehandelt und namentlich in dem jüngern Bestandsalter auf Vermehrung der Bodenkraft gehalten werden, so müßten alle Gras- und später alle Leseholznutzungen unterbleiben, auch Weide- und Streunutzung für die ganze Lebensdauer des Bestandes ausgeschlossen sein; dagegen könnten dann sämmtliche Holznutzungen der Läuterungs-, Durchforstungs- und Abtriebshiebe ohne nachtheilige Rückwirkung auf die Bodenkraft gewonnen werden. Diese sehr mäßige Form der Waldbenutzung ist jedoch leider sehr selten und findet nur statt in geschlossenen Waldmassen, welche weit entfernt von den Wohnsitzen der Menschen sind und auf welchen keinerlei Servitute lasten; sie könnte als die Form der absoluten Bodenkraftstabilität bezeichnet werden.

Weitergehend sind schon die Ansprüche an den Boden, wenn neben der Holznutzung noch Gras- oder Leseholznutzung stattfinden soll[1]). Jedoch dürfte auch diese Ausnutzung der Erhaltung der Waldbodenkraft auf derselben Stufe nicht hinderlich sein, wenn die

---

[1]) Bezüglich der Schädlichkeit der Grasnutzung s. S. 28: „Die Raubwirthschaft in den Waldungen" von Dr. Bonhausen, Frankfurt a. M. 1867.

Nutzung mäßig betrieben wird. Diese Formen der Waldnutzungs=
weise sind den im Zustande des Aufschwungs oder der Stabilität
befindlichen Waldungen eigen; daran reihen sich die Formen des
Nieder= und Untergangs; — leider nicht seltene Erscheinungen. In
Niedergang muß der Hochwaldbetrieb kommen, wenn zu den vor=
hergehenden Nutzungen noch Streunutzung tritt; je früher sie aus=
geübt und je öfter sie wiederholt wird, desto rascher. Die gräß=
lichste Raubwirthschaft aber, die den baldigen Untergang nach sich
ziehen muß, ist wohl folgende, in manchen Gemeinde= und vielen
Privatwaldungen noch vorkommende. Wenn der junge Wald durch
natürliche Verjüngung oder weit häufiger durch künstliche Saat oder
Pflanzung mühsam hergestellt ist, beginnt die erste Nutzung an
Gras oder Haide und dauert so lange fort, bis sich allmälig die
Holzpflanzen zusammenschließen und wenig oder nichts mehr vor=
handen ist. Finden sich in der kümmerlichen Dickung dürre Aestchen
vor, so werden dieselben abgerissen, manchmal auch noch die untern
grünen abgehauen; bald auch stellt sich der Streufrevel ein, und
kaum ist die halbe Umtriebszeit vollendet, so kommt eine regelmäßig
alle drei bis vier oder fünf Jahre wiederkehrende, äußerst gründ=
liche Nutzung der schwächlichen Nadelabfälle. Es giebt Waldungen,
in denen die Holznutzungen beinahe nie aufhören und in welchen
die Nadel= oder Laubabfälle höchstens zehn bis fünfzehn Jahre zur
Verwesung kommen. Sollte es denn nothwendig sein, erst durch
Versuche nachzuweisen, daß ein solcher Wald in der nächsten Ge=
neration zu Grunde gehen muß? Wahrhaftig, wo so große Ver=
suchsfelder vorliegen, wie in vielen Gegenden Bayerns, wo die be=
schriebene Raubwirthschaft in Gemeinde= und Privatwäldern leider
keine Seltenheit mehr ist, da sollte die Gesetzgebung einschreiten,
ohne daß man ihr mit Ziffern nachweist, wie viel und welche
Stoffe pro Hektar durch diese und jene Nutzung dem Boden ent=
zogen werden. Man vergesse nicht, daß die Forstwirthschaft zwar
mit Jahrhunderten rechnen muß, daß aber diese Raubwirthschaft

auch schon beinahe ebenso lange dauert und daß es also höchste Zeit ist, einzuschreiten, bevor das verhängnißvolle „trop tard" erschallt.

Uebrigens haben die Forschungen Dr. Ebermayer's, deren Resultate später benutzt werden sollen, doch schon nachgewiesen, welche Bedeutung die Bodendecke für die Erfüllung der höheren Aufgaben des Waldes hat.

Wenn also feststeht — und wer will oder kann das Gegentheil beweisen — daß jeder Wald, in welchem Holz= und Streu=nutzung betrieben wird, in Niedergang kommen muß, so ist diese doppelte Nutzung wenigstens für alle diejenigen Waldungen sofort aufzugeben, bei welchen nicht eine zwingende, unabänderliche Nothwendigkeit den zeitweiligen Fortbestand noch fordert. Wenn eine später, d. h. also im höhern Alter beginnende und in größern Zwischenräumen, z. B. alle zehn bis zwölf Jahre, wiederkehrende Nutzung die Schädlichkeit nur mindert, aber nicht aufhebt, den Niedergang nur verlangsamt, aber nicht ausschließt, so müssen die Hindernisse entfernt werden, welche der gänzlichen Aufhebung der Nutzung im Wege stehen. Wir werden später, wenn wir den dermaligen Zustand der Waldungen geschildert haben, sehen, wie nothwendig es ist, mit der Beseitigung der Hindernisse rasch vorwärts zu gehen.

b) Der Niederwald ist in jeder Beziehung der Gegensatz zum Hochwalde, sowohl was die Dauer der Verjüngungszeiträume, als was die Art der Wiederbestockung anbelangt, denn die Zeiträume betragen im Durchschnitt kaum den vierten Theil, und die Regeneration erfolgt nur durch Stock= und Wurzelbrut.

Im Allgemeinen wird angenommen, daß der Niederwald bei der in kürzeren Zeiträumen wiederkehrenden gänzlichen Bloßlegung des Bodens der Nährkraft=Erhaltung desselben am ungünstigsten sei[1]). Da jedoch positive Zahlen darüber nicht gegeben werden

---

[1]) C. Gayer, Die Forstbenutzung. Aschaffenburg 1863, S. 594 oder 1873, S. 443.

Der Wirthschaftswald und die Raubwirthschaft.

können und weil es für unsere Zwecke auch nicht nothwendig ist, nachzuweisen, welche Betriebsart darin Vorzüge hat, so kann auch die Frage auf sich beruhen.

Die Benutzung der ganzen Holzerzeugung erfolgt selbst beim geschontesten Niederwalde immer viel vollständiger als beim Hochwalde, denn selbst die bestbestockten Niederwaldschläge scheiden nicht so viel schwaches Dürrholz aus, was dem Walde doch mehr oder minder verbleibt, wie gedrungene Hochwalddickungen; ein Umstand, der auch nicht zu unterschätzen ist. Von einer ständigen Vermehrung der Bodenkraft, wie sie beim geschontesten Hochwalde wenigstens möglich ist, kann also selbst dann nicht die Rede sein, wenn nur Holznutzung erfolgt; wenn neben dieser nur eine ein- oder zweimalige Nutzung von Gras und Forstunkräutern stattfindet, mag Bodenstabilität hergestellt sein; jede Streunutzung aber muß zum Niedergang führen, denn Streu- und Weidebenutzung kann der Niederwald noch viel weniger vertragen als der Hochwald.

c) Der immer mehr und mehr verschwindende Mittelwaldbetrieb theilt die Vor- und Nachtheile der beiden ersten Betriebsarten, wie er ja auch ein Mischsystem ist. Da bei dieser Betriebsart eine vollständige Bloßlegung des Bodens nie vorkommt, insofern immer nur das Unterholz und vom Oberholze die älteste Klasse und nur ein sehr kleiner Theil der jüngeren Oberbäume zur Nutzung gelangt, so steht sie auch in Beziehung auf Bodenschonung weit über dem Niederwalde. Je kürzer der Umtrieb des Unterholzes und je weniger Oberholz vorhanden ist, desto näher steht die Form dem Niederwalde; ist der Oberholzturnus sehr hoch und der Vorrath sehr stark, so daß das Unterholz beinahe nur die Rolle des Bodenschutzholzes hat, so nähert sich die Form dem Hochwalde, und ein derartiger Mittelwald ist für Bodenschonung geeigneter als ein Hochwald mit hohem — nämlich so hoch, daß naturgemäße Lichtstellung eintritt — Umtriebe und kahlem Abtriebe. Bei diesem oberholzreichen Mittelwalde tritt durch den Ausschlag des Unterholzes und die nach dem Hiebe erfolgende Kronenausbreitung des Oberholzes eine so rasche und vollständige Deckung des Bodens ein, daß er selbst einem Hochwalde mit natürlicher Verjüngung manchmal den Rang streitig machen wird. Da diese viel verkannte Betriebsart sich mehr in den Flußthälern, dem Hügellande und den Vorbergen, also in mehr bewohnteren Gegenden findet, so ist mit ihr auch gewöhnlich eine sehr intensive Ausnutzung verbunden. Beschränkt sich dieselbe auf die Holzerzeugung — einer ausgedehnten Leseholznutzung setzt der dichte Schluß des Unterholzes Hindernisse entgegen — so kann die Bodenkraft nicht nur erhalten, sondern bei sorgfältiger Wirthschaft sogar vermehrt werden. Tritt zur Holznutzung auch noch Streu=, Gras= und Weidenutzung, so muß, je nach dem Grade der Ausübung, allmäliger Rückgang erfolgen, denn diese Betriebsart verträgt eine dergleichen Raubwirthschaft noch weniger, als der Hochwald unter gleichen Bodenverhältnissen. Im Unterholze versagen die Stöcke der harten, werthvolleren Holzarten, wie z. B. die Buchen, nach und nach den Ausschlag, die Oberbäume werden kurzschaftig und beschatten dadurch das Unterholz auch immer mehr; weiche, nicht ausdauerfähige Hölzer, wie Weiden, Aspen, Pappeln, Birken ꝛc., werden im Unter= und Oberholze immer vorherrschender; der Rück= und Untergang des Waldes ist hiermit ausgesprochen; er ist nur mehr eine Frage der Zeit.

d) Der vielgelästerte Plänter= oder Fehmelwald — von Fihmeln — das Kind der früheren Jahrhunderte, ist allerdings in seiner ursprünglichen empirischen Form zu verwerfen; jedoch ist diese Betriebsart einer bedeutenden Entwicklung fähig, und unter dem Namen „geregelter Fehmelbetrieb" auch schon einer ganz systematischen Behandlung unterworfen worden. Da bei dieser Betriebsart eine vollständige Entblößung des Bodens nie erfolgt, indem bald das junge, bald das alte Holz die Beschattung übernimmt, so ist sie der Bodenkonservirung sehr günstig. Diese Betriebsart verlangt

Der Wirthschaftswald und die Raubwirthschaft.

aber ungehemmte, gänzliche Freiheit in der Bewirthschaftung und Nutzung; sie verträgt weder Holz-, noch Streu-, noch Weiderechte. Wenn der Waldeigenthümer vom Holzberechtigten mit Prozessen bedroht wird, weil er frühzeitig seine jungen Dickungen und Stangenhölzer läutert, reinigt und durchforstet, sowohl um die minder werthvollen Holzarten rechtzeitig zu entfernen, als auch um den Wuchs und die frühere Haubarkeit zu fördern, so muß er diese Betriebsart aufgeben.

Wo junges und altes Holz nicht so scharf geschieden sind wie beim reinen Hochwaldbetriebe, wo aus dem Kernwuchsunterholze das Oberholz nachgezogen werden soll oder wo das Unterholz wenigstens als Faktor bei der Bewirthschaftung zählt, kann keine Viehweide stattfinden.

Wenn diese Betriebsart Unter- und Oberholz zur höchsten Entwicklung bringen soll, so verlangt sie auch Bodenkrafterhaltung und Vermehrung; also kann sie nicht bei Streunutzung gedeihen.

So aufgefaßt und durchgeführt verhält sich diese Betriebsart vorzüglich zum Boden; sie gestattet die intensivste Holznutzung und wird dennoch die Bodenkraft vermehren, da ihr die größte Fülle von Laub- und Nadelabfällen und die immerwährende Beschattung unerschöpfliche Nahrungsvorräthe in leicht löslicher Form zuführen.

Eine Mischung von Licht- und Schattenholzarten[1]) wird sie auf die höchste Stufe heben; Eichen und Kiefern über der bodendeckenden Buche erreichen bei ihr frühzeitiger als sonst ihre höchste

---

[1]) Lichtholzarten, d. h. Holzarten, deren mehr vereinzelt und nicht im Innern der Baumkronen stehende Blätter nicht stark beschatten, aber auch keinen Schatten über sich ertragen, sind: Eiche, Birke, Weiden und das ganze leichte Geschlecht der Pappeln, sodann Kiefer und Lärche. Schattenholzarten mit Blättern oder Nadeln von entgegengesetzter Beschaffenheit und eben solchem Verhalten sind: Buche, Ulme, Linde und Weißtanne; zwischen den ausgesprochenen Schatten- und Lichtholzarten stehen: Erle, Esche, Ahorn, Fichte.

Vollkommenheit; die Weißtanne ist zwar ihr Lieblingskind, aber auch andere jetzt vernachläſſigte Holzarten, wie: Ahorn, Eſche, Ulme und Linde gedeihen bei ihr.

Der Fehmelwald oder richtiger: der Samenwald mit mehreren Altersklaſſen unter und übereinander iſt die Betriebsart der Zukunft; die finanziell rentabelſte Betriebsweiſe, weil ſie die höchſte Ausbeute des werthvollſten Nutzholzes in kürzeſter Zeit geſtattet.

Außer dieſen rein forſtlichen Betriebsarten exiſtiren noch ſolche, welche mit landwirthſchaftlichem Zwiſchenbau wechſeln.

Am verbreitetſten iſt wohl der Hackwaldbetrieb, wobei nach dem Abtrieb des 16—20jährigen Eichenſtockausſchlages die Fläche ein oder zwei Jahre mit Frucht bebaut wird, nachdem vorher der Bodenüberzug und das ſchwache Reiſerholz auf der Fläche verbrannt worden war. Dieſe Betriebsart iſt in manchen Gegenden, z. B. an der Bergſtraße und im Kreiſe Siegen[1]), ſchon ſeit Jahrhunderten im Gange. Wenn bei ihr nur Holz- und Rindennutzung ſtattfindet und durch Verbrennen des Bodenüberzuges und der ſchwachen Reiſer dem Boden von Zeit zu Zeit Alkalien in leicht löslicher Form zurückgegeben werden, ſo tritt wenigſtens keine ſichtliche Bodenſchwächung ein.

Waldfeldbau nennt man eine Wirthſchaftsweiſe, welche nach ſtattgehabtem Abtriebe eines Hochwaldbeſtandes — meiſtens Kiefern — eine zwei- bis vierjährige landwirthſchaftliche Zwiſchennutzung eintreten läßt. Nicht ſelten werden Hackfrüchte — Kartoffeln — in Reihen gebaut und die nachzuziehende Holzart zwiſchen dieſelben eingepflanzt. Da keine Düngung ſtattfindet, ſo beruht das Prinzip des Waldfeldbaues auf der Ausbeutung der während des vorhergehenden Umtriebes — in der Regel 60—80 Jahre — angeſammelten Nahrungsvorräthe. Findet nur Holz- und keine Streunutzung ſtatt, ſo iſt die Bodenerſchöpfung jedenfalls geringer

---

[1]) Bernhardt, Die Waldwirthſchaft, S. 62.

Der Wirthschaftswald und die Raubwirthschaft.

als bei den vorhergehenden Betriebsarten mit Streunutzung. Treibt man aber Gras-, Streu-, Holz- und Fruchtnutzung, so läßt sich gewiß ein ärgerer Raubbau nicht denken, und nur mineralisch kräftige Böden, auch sog. schwitzender Sand, vertragen denselben einige Zeit.

Der Waldfeldbau wird zwar mit verschiedenen Modifikationen getrieben, ist jedoch nur auf wenige Gegenden beschränkt. Wo er als wohlfeiles Kulturmittel angewendet wird, um verfilzte Böden aufzuschließen, ist er gewiß sehr am Platze und von nicht zu unterschätzender Bedeutung.

Fünfter Abschnitt.

Die Bewaldung Bayern's und der dermalige Zustand derselben.

———

Die sich selbst überlassene Waldnatur kann wohl durch zerstörende Einflüsse zeit- und ortweise in ihren auf stetige Bodenkraft-Vermehrung gerichteten Bestrebungen aufgehalten und gehindert, in ihrem Aufschwunge gestört werden, so lange aber die verwesenden Pflanzen und Pflanzentheile dem Boden ganz verbleiben, muß eine fortdauernde Anhäufung von Nahrungsstoffen stattfinden. Wenn der Mensch diesen Naturbestrebungen hindernd in den Weg trat, indem er die Waldprodukte für seine Zwecke nutzbar machte, so that er nur, was er mußte, wozu ihn sein Dasein zwang, und um so mehr nöthigte, je mehr er sich dasselbe behaglich und menschenwürdig gestalten wollte; wie überall, so ist auch hier nicht der Gebrauch, sondern der Mißbrauch zu tadeln, und Mißbrauch hat der Mensch in hohem Grade mit dem Wald getrieben, theils aus Unkenntniß, theils aus blindem, schrankenlosem Eigennutz.

Wenn nun einerseits der Wald nicht als Selbstzweck vorhanden ist, anderseits aber jede Waldausnutzung ohne Ersatz Waldverschlechterung in sich schließt, so muß eine Betriebs- und Ausnutzungsweise eingeführt werden, welche den unvermeidlichen schädlichen Folgen des Gebrauchs entgegenwirkt, da sonst naturgemäß

Die Bewaldung Bayern's und der dermalige Zustand derselben.

und unabänderlich die Waldungen zu Grunde gehen müssen; es ist nicht genug, daß man den **sichtbaren** Rückgang unserer Waldungen aufhält, man muß ihren Aufschwung anstreben oder doch wenigstens ohne Zögern einen Zustand der Stabilität herstellen.

Wie schon in den vorhergehenden Abschnitten erwähnt, so sind wir in Folge der allseitigen Ansprüche an den Wald, hervorgerufen theils durch die steigende Bevölkerung, noch mehr aber durch die Richtung des landwirthschaftlichen Betriebes und seine Ausdehnung auf zweifelhaften, d. h. relativen Feldbau=Boden — später mehr über diesen Ausdruck — endlich so weit gekommen, daß der Wald mehr Produkte abgeben muß, als seine nachhaltige Bodenkraftbewirthschaftung vertragen kann; und dort, wo dies stattfindet, wird Raubbau getrieben.

Betrachten wir uns nun einmal:
a) die Bewaldung Bayern's;
b) die Vertheilung nach dem Besitzstande;
c) die Ertragsverhältnisse;
d) die Belastungsverhältnisse.

ad a. Von der Gesammtfläche Bayern's sind 34 pCt. bewaldet, und treffen also auf den Kopf der Bevölkerung 1.56 und auf eine Familie 6.54 Tagw. produktives Waldland[1]).

---

[1]) Nach v. Berg: „Die Staatsforstwirthschaftslehre," fanden sich:

Deutschland	26.58	pCt.
Preußen	25.00	=
Württemberg	30.43	=
Sachsen	31.6	=
Baden	33.48	=
Großherzogthum Hessen	35.00	=
Deutsch=Oesterreich	28.00	=
Frankreich	16.79	=
Rußland	30.90	=
Schweiz	15.00	=

Bewaldung.

Welches prozentale Waldverhältniß zur Gesammtoberfläche das zweckmäßigste für ein Land sei, kann durchaus nicht bestimmt werden; Versuche, dies festzustellen, sind immer noch kläglich gescheitert und werden wohl auch immer Spielereien bleiben, schon deswegen, weil nicht die Ausdehnung allein entscheidet, sondern noch vielmehr der Zustand. Daß aber 34 pCt. Wald für Bayern durchaus — es ist das bewaldetste Land nach Hessen — genügend sind, ist ganz zweifellos, und dies um so mehr, als die Waldungen so ziemlich — die Schwankungen zwischen der Oberpfalz mit 2.12 Tagw. pro Kopf und 1.10 Tagw. in Schwaben sind nicht bedeutend — gleichmäßig vertheilt sind, und namentlich die auf die Regulirung der klimatischen Verhältnisse so einflußreichen Gebirgszüge noch in ziemlich gut bewaldetem Zustande sich befinden. Aber auch was die Befriedigung der Holzbedürfnisse anbelangt, so muß die Bewaldung als zureichend angesehen werden, denn schon bei dem dermaligen Ertrage von 0.51 Klaftern — 0.40 Stamm-, 0.04 Stock- und 0.07 Wellenholz — pro Tagw. treffen auf die Familie 3.33 Klafter pro Jahr; ein Quantum, was zur Befriedigung des Bedarfs an Nutzholz und Brennholz aller Art zureichend ist, wenn man den Reichthum Bayern's an Steinkohlen, Braunkohlen und Torf in Betracht zieht, und wenn man bedenkt, daß dasselbe mehr Holz aus- als einführt[1]).

Rechnet man hierzu, daß bei voller Produktion sämmtlicher Waldungen der Ertrag bedeutend steigen würde, so können die Bewaldungsverhältnisse in dieser Beziehung als befriedigend bezeichnet werden.

ad b. Nach dem Besitzstande vertheilen sich die Waldungen Bayern's wie folgt:

---

[1]) Nach Seite 424 u. f. der Forstw. Bayern's betrug während der Jahre 1851—1858 die Ausfuhr an Baunutzholz 29,854 und die Einfuhr 3224 Klafter, also die Ausfuhr mehr: 22,630 Klafter. An Brennholz Ausfuhr 53,600, Einfuhr 1297, also mehr Ausfuhr: 52,303 Klafter.

Die Bewaldung Bayern's und der dermalige Zustand derselben. 33

Besitzer.	un= produktiv	produktiv	im Ganzen	pCt.
	Tagwerk			
Staat	277.747	2.475.995	2.753.742	36
Gemeinde und Körperschaften	33.614	987.175	1.020.789	13
Stiftungen	1.184	136.706	137.890	2
Privaten	77.335	3.632.289	3.709.624	49

Wir sehen also, daß die Privaten beinahe die Hälfte der ganzen Waldfläche im Besitze haben, ein Umstand, der den Staat allerdings zu gewissen Vorsichtsmaßregeln berechtigt und verpflichtet; worüber später mehr.

ad c. Was den Zustand der Privatwaldungen anbelangt, so geben auch hierüber Zahlen den besten Aufschluß.

Tabelle A und B geben uns denselben über die Ertragsver= hältnisse nach Kreisen und nach der natürlichen Eintheilung in Waldregionen. Ueber die Belastungsverhältnisse durch Servitute giebt Tabelle C Aufschluß.

Aus der Tabelle A ist also zu ersehen, daß der Ertrag der Privatwaldungen um 0.11 Klafter gegen den der Staatswaldun= gen zurücksteht, und daß dieses minus in Niederbayern sogar 0.27 Klafter, in der Pfalz 0.07 Klafter beträgt.

Wir können aus diesen Zahlen schon den sichern Schluß ziehen, daß die Privatwaldungen im Allgemeinen und insbesondere in ein= zelnen Kreisen sich in einem bedeutend schlechtern Zustande befinden müssen als die Staatswaldungen.

Der Unterschied im Ertrage wird aber noch viel bedeutender, wenn man auch das Verhältniß der produktiven und unproduktiven Flächen und die mehr oder minder starke Belastung mit Servituten in Betracht zieht. Nach Seite 7 der Forstw. Bayern's trifft näm= lich von der Gesammtwaldfläche

Heiß, Der Wald.

der Stiftungen auf 53 Tagw. je 1 Tagw. produktionsfähige aber unbestockte Fläche,
= Gemeinden = 31 = = 1 = = = = =
des Staates = 37 = = 1 = = = = =
der Privaten = 30 = = 1 = = = = =

ferner

der Stiftungen auf 114 Tagw. je 1 Tagw. unproduktives Land,
= Privaten = 78 = = 1 = = =
= Gemeinden = 29 = = 1 = = =
des Staates = 11 = = 1 = =

sodann sind von der produktiven Fläche der
Staatswaldungen mit verschiedenen Rechten belastet 77 pCt.
Gemeindewaldungen = = = = 30 =
Privatwaldungen = = = = 9 =

Verhältnißmäßig hat also der Staat die größte unproduktive Waldfläche, d. h. Fläche, welche zum Waldareal gerechnet wird, aber aus Felsen, Sümpfen ꝛc., kurz aus nicht kultivirbaren Gründen besteht Im Verhältniß zum produktiven Boden kommen in den Privatwaldungen die meisten unbestockten Flächen vor, d. h. Flächen, welche kulturfähig, aber nicht bestockt sind, was ebenfalls für die schlechtere Bewirthschaftung derselben spricht.

Ziehen wir nun aus dem nicht unbedeutenden Minderertrage aus der viel schwächern — 77 : 9 Prozent — Belastung mit drückenden Forstrechten einen Schluß, so springt in die Augen, daß die Staatswaldungen nur deswegen so viel höhere Erträge abwerfen, weil hier die Holznutzung als Hauptertrag betrachtet, zur Gras=, Weide= und hauptsächlich Streunutzung in der Regel aber nur die Berechtigten zugelassen werden, während in den Privatwaldungen, namentlich aber in denen der Kleinbesitzer, Nutzungen aller Art in größter Ausdehnung stattfinden; daher sie auch im vollständigsten Rückgange begriffen sind.

Die Gemeinde= und Körperschaftswaldungen nehmen zwar mit den Waldungen im Besitze von Stiftungen nur 15 pCt. ein, sind deswegen aber doch von einer nicht zu unterschätzenden Wichtigkeit, wenn die Staatsgewalt ihre Bewirthschaftung nach dem Grundsatze strenge überwacht, daß die jeweilig lebende Generation nur das Nutzungsrecht hat, und also den Bestand des Wal= des weder durch übertriebene Haupt= noch Nebennutzun= gen in Frage stellen darf.

Gemäß Tabelle A stehen die Gemeindewaldungen im Ertrage um 0.15 Klafter Stammholz oder im Gesammtertrage um 0.12 Klaf= ter und Wellenhunderte unter den Staatswaldungen und selbst um 0.07 und 0.01 Klafter und Wellenhunderte unter den Privatwal= dungen; die größte Differenz, 0.23 Klafter, zeigt wieder Nieder= bayern. Dieser Minderertrag von 0.15 Klftrn. bei geringerer Be= lastung (vide Tab. C), sowie der Umstand, daß schon auf 31 Tagw. produktionsfähiges Waldland 1 Tagw. unbestockt kommt, spricht ebenfalls für eine weniger sorgfältige Wirthschaft und größere Aus= nutzung, als in den Staatswaldungen. Entsprechend diesen Er= tragsverhältnissen, welche in fünf Kreisen schon weit unter dem Durchschnitt von 0.33 bleiben, ist aber auch der Waldzustand. Sehr viele, ja die meisten Gemeindewaldungen sind vollständig im Zustande der Niederganges, viele sind schon an der Grenze der Waldvegetation angelangt, und einzelne kann man schon nicht mehr als Wald bezeichnen. Alle Arten von Nutzungen werden in diesen Waldungen getrieben, und zwar nicht selten auf die exessivste Weise: es ist der schon früher im IV. Abschnitt erwähnte „Raubbau."

Der Staat hat von der Gesammtwaldfläche 36 pCt., also einen nicht unbedeutenden Theil im Besitze, jedoch wechselt die Größe desselben außerordentlich nach den Kreisen. Seite 9 der Forstw. Bayern's heißt es:

„Ein auffallendes Uebergewicht unter den nicht ärarialischen Waldungen haben die Privatwaldungen in den ältern Gebiets=

theilen, namentlich in Niederbayern und Oberbayern mit dem Salinenforstbezirke, sowie in der Oberpfalz erlangt, wo im Anfange des laufenden Jahrhunderts das System der Gemeindeeigenthums-Vertheilung, sowie der Servituten-Ablösung in den Staatswaldungen mittels Waldgrund-Abtretung und Wald-Verkaufes seine Wirkung dermaßen äußern konnte, daß die produktiven Privatwaldflächen in der Oberpfalz und in Oberbayern mit dem Salinenbezirke mehr als die Hälfte und in Niederbayern sogar 79 pCt. der produktiven Waldfläche der betreffenden Regierungsbezirke einnehmen, wogegen in Unterfranken die Privatwaldungen über ein Viertel und in der Pfalz nur über ein Achtel der Gesammtwaldfläche sich erstrecken."

Inwiefern diese Vertheilung bei der Gesetzgebung Berücksichtigung verdient, werden wir später sehen.

Aus den Tabellen A und B ist zu ersehen, daß die Staatswaldungen zwar die höchsten Erträge abwerfen, jedoch sind dieselben keineswegs so hoch, wie sie sein könnten und müßten, wenn die betreffenden Waldungen von allen Servituten befreit wären. — Auch der Zustand unserer Staatswaldungen ist kein so glänzender, wie er oft dargestellt wird, denn nur das Herz unserer großen Waldgebiete ist noch im Stabilitätszustande; die große Peripherie ist im Niedergange.

Die Ursache dieser äußerst bedenklichen Erscheinung kann nur in der großartigen Belastung der Staatswaldungen mit Servituten aller Art gesucht werden, denn diese Servitute zwingen die Forstverwaltung nicht blos, dem Walde mehr Produkte, das heißt Nebenprodukte, wie Streu und Gras, zu entziehen, als für die Erhaltung einer immer gleichen Nährfähigkeit zulässig ist, sondern behindern sie auch in der vortheilhaftesten Bewirthschaftung.

Aus dem Umstande, daß die Staatswaldungen trotz der viel größeren Belastung dennoch höhere Erträge abwerfen, als die Gemeinde- und Privatwaldungen, darf nicht geschlossen werden, daß dieselbe nicht so schädlich sei, wie behauptet wird; man muß im Gegentheil wohl bedenken, daß nicht blos die ganze Bewirthschaftung und namentlich die Kultur in den Staatswaldungen eine rationellere ist, sondern daß auch die Nebennutzungen, wie Gras und Weide und namentlich Streunutzung, sehr eingeschränkt sind; viel mehr, als in den Staatswaldungen die Berechtigten empfangen, holen in den Gemeinde- und Privatwaldungen die Bürger oder Eigenthümer.

Ueber die Einzelheiten der Belastung giebt uns die Tabelle C Aufschluß; unterwerfen wir sie nun einer nähern Prüfung. — Tab. D, welche das Belastungsverhältniß und den Holzertrag pro Tagwerk getrennt nach Kreisen nachweist, ist sehr instructiv. — Wir ersehen daraus, daß Belastung und Holzertrag in den Staatswaldungen beinahe ohne Schwankung im umgekehrten Verhältnisse stehen. Eine Ausnahme hiervon machen nur die Pfalz, sodann Oberbayern gegenüber Niederbayern und noch Schwaben; diese Widersprüche werden später ihre Aufklärung finden.

Wenn wir an die Stelle der Kreise die in der Forstverwaltung Bayern's ausgeschiedenen Waldgebiete setzen, so ergeben sich beinahe dieselben Verhältnisse. In dem beinahe am stärksten belasteten Kreise, Unterfranken, befinden sich die Waldungen des Spessart mit 0.44, der Rhön mit 0.41 und theilweise der fränkischen Höhe und Ebene mit 0.61 Klaftern. Es sind dieses Waldungen, welche großentheils auf ausgezeichnetem Waldboden — Basalt, Muschelkalk, Keuper — stocken, und weit höhere Erträge abwerfen müßten, wenn nicht 91 pCt. der Fläche mit Rechten aller Art belastet wären. Der Spessart, in seinem Herz noch ein vollbestockter, urwüchsiger Laubholzhochwald mit prachtvollen Eichen, das Ideal eines Forstmannes, der noch wirthschaften darf, ohne nach dem höchsten Bodenreinertrag zu fragen; der Stolz der bayerischen Forstverwaltung, ist theilweise sehr im Rückgange, und der schlechte, verkrüppelte Zustand der Vorderwaldungen greift immer tiefer hin-

38 Fünfter Abschnitt.

ein; die Kiefer erobert Schritt für Schritt einen Berg nach dem andern; wer den Spessart vor 20 und mehr Jahren gesehen, ist erstaunt über die Ausdehnung der rückgängigen, gipfeldürren Laubholzbestände und das Vordringen der Kiefer[1]).

Der Salinenbezirk[2]) mit seiner kolossalen Belastung von 91 und 88 pCt. hat seine Waldungen in den Alpen und zum kleinsten Theile in der „Landschaft zwischen Alpen und Donau." Wenn man nun auch annehmen muß, daß der Ertrag der Alpen mit 0.42 Klaftern so gering ist, weil unter dieser Ziffer nur das „bringbare" Holz begriffen ist, und weil Durchforstungen[3]) nicht oder wenigstens nicht in der möglichsten Ausdehnung ausgeführt werden, so darf doch auch nicht übersehen werden, daß so ausgedehnte Weide=, Streu= und Holznutzungen den Ertrag erheblich beeinträchtigen, selbst wenn die Waldungen auf so ergiebigem Boden stocken, wie hier. Die Waldungen dieses Gebietes werden beinahe ohne Ausnahme zum unbedingten Waldgebiete gehören, und ihre Erhaltung in gutem Zustande hat daher hohe Wichtigkeit.

---

[1]) Martin sagt in seinem sehr interessanten Buche: „Der Wälder Zustand und Holzertrag," Seite 29, vom Spessart: „Die Buchenbestände lassen, je näher dieselben dem Umfange des Spessarts oder in der Umgebung der Walddörfer liegen, ein allmäliges Entarten wahrnehmen; dieses zeigt sich zuerst mit einem frühzeitigen Gipfeldürrwerden der reinen, geschlossenen Mittel= und angehend haubaren Hölzer, und gestalten sich unter der verstümmelnden Axt der auf dürr= und verfallholz= berechtigten Waldbewohner zu ganz verlichteten, aus knorrigen, verschneidelten, von oben herein absterbenden, zur Samenerzeugung fast unfähigen Stämmen bestehenden Beständen, unter welchen sich ebenfalls ein Meer von Haidekraut ergießt."

[2]) Jetzt ist die Verwaltung mit dem Kreise Oberbayern vereinigt.

[3]) Der Durchforstungshieb erstreckt sich auf das Holz, d. h. die Stangen oder Stämme, welche überwachsen, also unterdrückt sind und in Folge dessen geringen Zuwachs haben.

Wenn ich an den vorhergehenden Bezirk sogleich den in der Belastungs- und Ertragstabelle erst sub Nr. 8 aufgeführten Kreis „Oberbayern" anreihe, so geschieht es, weil er die Waldgebiete mit demselben gemein hat, und weil sich durch dieselben der schon erwähnte theilweise Widerspruch aufklären läßt.

Wenn man das Mittel der in diesem Kreise liegenden Waldgebiete zieht, so ergiebt sich $\frac{77 + 42}{2} = 59.5$ beinahe gleich mit dem Ertrage des Kreises $= 0.58$ Klafter.

Was bezüglich des Ertrages der „Alpen" vorhergehend erwähnt wurde, gilt natürlich für diesen Kreis um so mehr, als ja der weitaus größte Theil dieser Landschaft in demselben liegt.

Dieser größern Ausdehnung der „Alpen" mit ihrem weniger ergiebigen Boden und ihrer geringern Ausbeutefähigkeit gegenüber der an sie grenzenden „Landschaft zwischen den Alpen und der Donau" ist gewiß auch die Ertragsdifferenz mit Schwaben von 0.22 Klaftern und Wellenhunderte bei geringerer Belastung zuzuschreiben. In der erwähnten Landschaft mit einer dichten und wohlhabenden Bevölkerung, großen Städten und dem wohlfeilern Transport sind auch geringere Holzsortimente absetzbar und die Wirthschaft viel intensiver, was aus den folgenden Zahlen ganz klar hervorgeht. Nach Tabelle A setzt sich der Gesammtertrag zusammen wie folgt:

	Stammholz	Stockholz	Wellen
Schwaben . . .	0.59	0.02	0.19
Oberbayern . .	0.49	0.03	0.06

Wir ersehen daraus, daß der Stammholzertrag nicht so sehr differirt, daß dagegen in Schwaben weit mehr Wellen, also schwaches Reiserholz Absatz findet.

Die dritte Stelle in der Belastungs-, dagegen sechste, in der Ertragstabelle nimmt die Oberpfalz ein; das Verhältniß ist also nicht ganz normal.

Die Waldungen dieses Kreises liegen zum größten Theile im „oberpfälzischen Hügelland" und im „bayerischen Wald," umfassen also die Extreme sowol in Beziehung auf natürliche Bodengüte als dermalige Bestockung; theilweise noch kaum angegriffener Urwald, theilweise vollendete Kiefernkrüppelbestände; theilweise der vorzügliche, quellenreiche Boden der Urgesteine, — Granit, Gneis —, theilweise der loseste Kieselsand.

Die Waldungen des oberpfälzer Hügellandes und der Rheinpfalz sind ohnstreitig das größte Versuchsfeld einer excessiven Waldausnutzung und beweisen mehr als alle Versuche, welche noch gemacht werden können, die Unverträglichkeit von Bodenstreu- und Holznutzung im Walde; ja, sie beweisen sogar noch die Unverträglichkeit auch der eingeschränktesten Bodenstreuentnahme und der Erhaltung eines stabilen Waldzustandes. Der Ertrag dieses Gebietes ist schon incl. Stock- und Wellenholz auf 0.47 (nach der Uebersicht von 1869 = 0.49) herabgesunken, ja einzelne Reviere liefern nur mehr 0.15 Klafter.

In der Forstverwaltung Bayerns heißt es S. 69 und 70: „Seines Humus an vielen Orten seit längerer Zeit durch übermäßige Streunutzung beraubt, ist der Boden in einem nur zu großen Theile des Bezirks, besonders wo Granit und Quarzsand vorherrschen, auf eine sehr niedrige Stufe der Produktivität herabgesunken. Selbst die Föhre — Kiefer — welche meistens die Fichte und Tanne verdrängt hat, kommt nur noch kümmerlich fort. Beinahe die Hälfte der Waldfläche reiht sich, erschöpft und kraftlos, in die Kategorie der Krüppelbestände ein, oder steht derselben nahe und zeugt von den verderblichen Folgen einer lange fortgesetzten Entziehung des natürlichen Düngers."

Der Ertrag des Kreises würde noch viel tiefer stehen, wenn er nicht durch den Ertrag des bayerischen Waldes zu 0.70 Klafter und Wellen gehoben würde.

Wir haben hier also Waldungen vor uns, welche in vollster

Die Bewaldung Bayern's und der dermalige Zustand derselben. 41

Degeneration begriffen sind, und es werden Jahrhunderte vergehen, bevor sie wieder in Aufschwung kommen; vielleicht zwei Umtriebe, ehe sie wieder mittlern Ertrag liefern.

Den letzten Rang in der Tabelle D nimmt die Pfalz ein, in der Uebersicht von 1869 steht sie etwas besser. Bezüglich der Schwere der Belastung wird sie nur vom Salinenbezirk übertroffen. Die Waldgebiete „Haardtgebirg", „Pfälzer Kohlengebirg", „Rheinebene" figuriren mit 0.44, 0.32, 0.55 Klafter- und Wellenholz. Die anderseits gegebene Beschreibung auf S. 69 und 70 der Forste Bayerns ist auch für einen großen Theil der pfälzer Waldungen zutreffend; der größere Theil der Gemeindewaldungen ist sogar auf einer tiefern Vegetationsstufe.

Die Forstverwaltung Bayerns giebt das Mischungsverhältniß der Staatswaldungen im Pfälzerwalde zu 54 pCt. Laub-, 27 pCt. Nadel- und 19 pCt. gemischte Bestände an, jedoch dürfte das Laubholz jetzt schon wieder mehr zurückgedrängt sein, insbesondere wenn man diejenigen Bestände, welche nur mehr Laubholzstockausschläge als Unterholz haben, nicht zu den gemischten, sondern zu den reinen Kieferbeständen zählt[1]).

---

[1]) Martin sagt im „Wälderzustand" S. 32 von diesen Waldungen: „Der dermalige Zustand des bei weitem größern Theiles der rheinischen Waldungen leitet sich indessen nicht mehr unmittelbar aus jenem von fühlbaren menschlichen Einwirkungen frei gebliebenen frühern Verhältnisse ab, sondern es ist derselbe aus einer durchgreifenden allgemeinen Waldbenutzung, aus einem zum Theil schon wiederholten, schlagweisen Abtrieb hervorgegangen. Man vermißt daher vielfach, ja im Allgemeinen jenes höhere, dem Spessart zum Theil noch eigene Vegetationsvermögen. Gleichwol fühlt man diesen höhern Grad der Walddegeneration weniger, weil die in den rheinischen Waldungen längst eingebürgerte Kiefer den Laubhölzern auf dem Fuße nachfolgt, wenn sich diese auf dem vermagerten Boden gar nicht mehr oder nur kümmerlich zu erhalten vermögen. Die Bestände, wo unter solchen Umständen in Buchen-Besamstellungen die Kiefer aufliegt und mehr oder minder reich-

Seit 38 Jahren¹) hat sich aber dieser Zustand bedeutend verschlimmert, denn aus den damals noch gemengten Waldungen sind größtentheils reine Kiefernwaldungen mit einigen verkrüppelten Buchenstockausschlägen entstanden. Wenn nun die gleichen Ursachen gleiche Wirkungen hervorbringen, d. h. wenn die durchgreifende — und sie ist jetzt noch durchgreifender wie damals — Waldbenutzung — Waldmißbrauch — in demselben Maße fortgeht, so müssen die jetzt noch gemengten Bestände zu reinen und die reinen Kiefernbestände zu Krüppelbeständen nach schon häufig vorhandenen Mustern werden.

Obwol ich selbst diese Zustände schon in der erwähnten 1866 erschienenen Broschüre geschildert habe und obwol auch Ney („Die natürliche Bestimmung des Waldes und die Streunutzung." Dürkheim 1869) treffliche Schilderungen gegeben hat, so kann ich doch nicht umhin, wieder einige Blicke auf diese belehrenden Waldbilder zu werfen.

Der Zustand und natürlich auch die Ertragsfähigkeit richtet sich genau nach dem bisherigen Grade der Ausnutzung. Man kann diese Waldungen in drei große Gruppen theilen:

a) solche, in welchen schon lange Zeit sämmtliches Holz und beinahe alle Baumabfälle nebst Forstunkräutern und Gras benutzt werden;

b) solche, in welchen die Holznutzung sich wenigstens nicht auf alles kleine Dürrholz erstreckt, und in welchen Streu- und Grasnutzung nur in beschränkterem Verhältnisse stattfinden;

c) solche, in welchen die Holznutzung in noch beschränkterem Maße geübt wird, in welchen z. B. kleines Dürrholz nie

---

lich untermengt mit der Buche vorkommt, nehmen immer ausgedehntere Waldflächen ein."

¹) 1836 erschien das Buch: „Der Wälderzustand" von C. L. Martin, München 1836.

zur Nutzung gelangt und in welchem manchmal etwas Gras-, selten oder nie aber Streunutzung stattfindet.

Diese Eintheilung läßt sich übrigens nicht einmal auf ganze Reviere genau anwenden; aber gerade der Umstand, daß in einem und demselben Reviere unter ganz gleichen Bodenverhältnissen die den Ortschaften zunächst gelegenen Theile schon zu Krüppelbeständen degenerirt sind, ja gänzlich produktionslose Flächen haben, während in den hintern Waldungen noch ziemlich gutwüchsige Laub- und Nadelholzbestände vorkommen, beweist die Richtigkeit der Eintheilung im Allgemeinen.

ad a. In den Waldungen dieser Gruppe hört eigentlich die Nutzung nie auf, denn in den Kulturen wird schon die kümmerliche Haide gestohlen, später jedes dürre Reis aufgelesen, auch wol schon grüne Aestchen abgeschnitten oder Nadeln entwendet. Mit dem 30. oder 40. Jahre beginnt eine alle drei bis fünf Jahre wiederkehrende regelmäßige Streunutzung des Eigenthümers; ebenso wird von demselben oder den Frevlern alles vorkommende unterdrückte Gehölz genutzt und dazu beim Abtrieb sämmtliches oberirdische Holz und nicht selten auch noch das Stockholz.

Ein Ersatz der mit diesen verschiedenen Nutzungen dem Walde entzogenen Nährstoffe findet nur sehr unvollkommen statt, da zur Verwesung nur sehr wenig liegen bleibt und dieses Wenige, auf dem trockenen, harten Boden lagernd, nur schwer löslich ist. Die Folgen sind durchaus natürlich und unausbleiblich.

Das Laubholz ist selbst als Stockausschlag beinahe gänzlich verschwunden, die Kiefer erreicht oft kaum eine Länge von 12 bis 20 Fuß, und Erträge von 8 bis 15 Klafter pro Tagwerk sind nicht zu selten.

Diese Waldungen finden sich nur am Vorgebirge, hauptsächlich im Besitze der Gemeinden, und selbst hier im ausgeprägtesten Maß nur in den schon seit langer Zeit zugänglichen und dem Frevel ausgesetzten Theilen. Waldungen dieser Gruppe weisen die sämmtlichen

Reviere am Vorgebirge, im größern Maßstabe aber die Reviere: Gimmeldingen, Weißenheim, Wachenheim, Hambach, St. Martin, Edenkoben auf.

ad b. In den Waldungen dieser Gruppe unterbleibt wenigstens die Entwendung von Haide und die Dürrholznutzung in den ersten Jahrzehnten, entweder weil sie zu entfernt von den Ortschaften oder so tief im Gebirge liegen, daß dergleichen Produkte und Abfälle noch wenig Werth haben. Da die Bestände hier noch einen Umtrieb von 80—100 Jahren aushalten, so beginnt die regelmäßige Streunutzung auch erst mit 40 oder 50 Jahren und wird ein Wechsel im Rechen von 4—6, in neuerer Zeit sogar von 6 und 10 Jahren eingehalten; auch Stockholznutzung unterbleibt in der Regel. Hier findet nun zwar ein Ersatz, aber ein mehr oder minder, hauptsächlich von dem Wechsel in der Streunutzung abhängiger, unvollkommener statt, so daß auch diese Waldungen als im Zustande des Rückganges, der Degeneration betrachtet werden müssen; vorläufig ist dies noch die größte Gruppe, aber ein nicht unbedeutender Theil ihrer Waldungen neigt sich schon bedenklich der ersten zu, und wenn die Ausnutzung nicht bald beschränkt wird, gehört die nächste Generation schon zu a.

Das Laubholz ist auch aus dieser Gruppe verschwunden oder nur mehr im unterdrückten oder so herabgekommenen Zustande vorhanden, daß es in Nadelholz umgewandelt werden muß. Der Durchschnittsertrag ist 0.25—0.35 Klafter. Es gehören zu dieser Gruppe beinahe sämmtliche Gemeinde- und Privatwaldungen und ein nicht kleiner Theil derjenigen Staatswaldungen, welche in der Nähe der Ortschaften liegen und mit Streu- und andern Rechten belastet sind. Die noch vorhandenen reinen Buchenbestände werden schon im Alter von 60—80 Jahren gipfeldürr und zuwachslos, und nur ein vorsichtiger und fleißiger Wirthschafter wird bei der Verjüngung noch eine kleine Mischung, einen Unterstand von Buchen unter Kiefern, fertig bringen. Die beste und zuwachsreichste Form dieſer Gruppe iſt der mit Buchen gemengte Kiefernwald; der reine Kiefernwald iſt ſchon näher der Gruppe a. Auch die mit **Streu-rechten belaſteten Staatswaldungen**, und wenn der Wechſel in der Nutzung auch 6, 7 und 9 Jahre beträgt, gehören ſchon zu dieſer Gruppe oder gehen ihr raſch entgegen. Als Typen mögen gelten die Staatswaldreviere: Neidenfels, Euferſthal, Schweigen, Hardenburg, Jagdhaus, Otterberg, Pirmaſens.

ad c. In den Waldungen der dritten Gruppe unterbleibt die Nutzung von Reiſerholz beinahe gänzlich, weil dieſes ſchwache Gehölz in den waldreichen Gegenden ohne Werth iſt. Die Grasnutzung findet nur in geringem und die Streunutzung garnicht oder wenigſtens nur im beſchränkteſten Maße und als Ausnahme ſtatt. Die Verweſung der Abfälle geht in dem friſchen, kühlen Waldesdunkel günſtig vor ſich und iſt alſo Erſatz vorhanden für die Nährſtoffe, welche mit der Holzernte dem Walde genommen wurden. Dergleichen Waldungen befinden ſich wenigſtens im Zuſtande des Gleichgewichtes, was auch ihr Zuwachs beweiſt. Es gehören zu dieſer Gruppe noch kleinere Theile von Gemeindewaldungen und das Herz der Staatswaldungen ohne Berechtigung. Die Beſtandsformen ſind: reine Buchen, Buchen mit Eichen, Buchen und Kiefern, Kiefern mit Buchenunterſtand.

Das Hauptwaldgebiet der Pfalz, das „Haardtgebirge" oder der „Pfälzerwald" iſt größtentheils abſolutes Waldland, und iſt es daher für die allgemeinen, höhern Landesintereſſen von hoher Wichtigkeit, daß das Gebirge in gut bewaldetem Zuſtande erhalten wird, daß namentlich **die Bergkuppen voll und dicht bewaldet ſind**. Die Höhenzüge des Vorgebirges mit der Abdachung gegen die Rheinebene ſind theilweiſe ſchon ſehr bedenklich bewaldet und entwaldet, und es iſt nicht blos hohe, ſondern höchſte Zeit, daß Schonung eintritt.

Der Kreis **Oberfranken** nimmt in der Belaſtungstabelle den fünften, in der Ertragstabelle den dritten Platz ein, ſteht alſo bezüglich des Ertrages im Verhältniß zur Belastung günstiger als die vorhergehenden vier Kreise. Seine Waldungen gehören sowol dem Frankenwalde als dem Fichtelgebirge, theilweise auch dem fränkischen Jura an. Der Frankenwald mit seinen reichen Holzvorräthen und ausgezeichnet günstigen Wachsthumsverhältnissen, sodann die vorwiegende Bestockung der drei Waldgebiete mit Nadelholz, namentlich Fichten und Tannen, machen es erklärlich, daß die Ertragsverhältnisse trotz der starken Belastung noch so günstig sind. Wenn man hierzu noch die verhältnißmäßig guten Erträge der Gemeinde und in zwei Waldgebieten auch die der Privatwaldungen in Betracht zieht, so dürfte es nicht mehr zweifelhaft sein, daß die in Oberfranken gebräuchliche Hackstreu — kleingehackte Fichten- und Tannenzweige mit den grünen Nadeln — sehr viel zur Bodenkonservation beigetragen hat. Wenn diese Nutzung freilich, wie in den kleinen Privatwaldungen, so weit ausgedehnt wird, daß die Aeste an stehenden Bäumen zum Zwecke der Gewinnung von Hackstreu abgehauen werden, so ist sie ebenfalls sehr schädlich und dieser so sehr ausgedehnten Nutzung ist es denn auch zuzuschreiben, daß der Ertrag der Gemeinde- und Privatwaldungen des Frankenwaldes gegenüber dem Staatswalde — s. Tabelle B — so sehr gesunken ist. Die Waldungen dieser drei Gebiete, namentlich aber des Fichtelgebirges und Frankenwaldes, gehören zum absoluten Wald- und zum Quellengebiete mehrerer Flüsse, und deren gute Bestockung ist daher von höchstem Interesse für das Land.

Der Kreis Mittelfranken steht in der Belastungstabelle in der sechsten Reihe und hat schon wenigstens etwas günstigere Verhältnisse wie die vorhergehenden. Die Belastung der Gemeinde- und Privatwaldungen ist verhältnißmäßig nicht bedeutend. Im Ertrage stehen die Waldungen hinter dem vorhergehenden etwas zurück, also in vierter Reihe. Die Waldungen gehören größtentheils der „fränkischen Höhe und Ebene" und nur ein kleiner Theil dem „fränkischen Jura" an.

Die Bewaldung Bayern's und der dermalige Zustand derselben. 47

Muschelkalk und Keuper sind die weitaus vorherrschenden Formationen dieser Waldgebiete und auch in ihnen herrscht die Nadelholzbestockung — 67 pCt. Nadel= und 12 pCt. gemengte Waldungen — vor, so daß dort, wo sich die Ausnutzung auf die Holzernte allein beschränkt, Durchschnittserträge von 0.75 Klafter zu den mittlern gehören; ein neuer Beweis, mit welchen Verlusten auch hier gewirthschaftet wird. Daß die Waldungen dieses Kreises trotz schwächerer Belastung im Ertrage gegen den vorhergehenden Kreis zurückstehen, wird begreiflich, wenn man bedenkt, daß Mittelfranken die großen, abgeschlossenen, von Menschen schwach bewohnten Waldgebiete der übrigen Kreise nicht hat, sondern seine mehr zerstreut liegenden, zugänglichen Waldungen — wenn auch oft von großer Ausdehnung — von der starken Bevölkerung stets sehr intensiv ausgenutzt wurden. In der Forstverwaltung Bayerns heißt es S. 94: „In Nürnbergs und Erlangens Umgebung — Nürnberger Reichswald — dann auch an einigen anderen Orten, produziren namhafte, in Folge übermäßiger Streuabgabe in die Kategorie der bei dem oberpfälzer Hügelland schon besprochene Krüppelbestände sich einreihende Flächen kaum 0.20 Klafter pro Tagwerk, einige Komplexe sogar nur 0.10—0.15, während entfernter von bevölkerten Ortschaften und auf besserem Boden, welchem sein natürlicher Dünger in geringerem Maße entzogen wurde, Bestände mit 0.70 Klafter Zuwachs und mehr vorkommen."

Ferner: „Je nach dem Maße der Entziehung der Bodendecke nimmt die Vollkommenheit und Ertragsfähigkeit der Bestände ab; die Tanne verschwindet, die Föhre drängt sich mehr und mehr ein und es bilden sich so von Stufe zu Stufe die allmäligsten Uebergänge in die zuerst erwähnte Bestandsform. Dieses Rückschreiten der Waldvegetation möglichst zu verhindern und die Tanne in Mischung mit der Fichte und Föhre zu erhalten, ist jetzt die Aufgabe des Betriebes, für welchen die im § 12 angegebenen Regeln zur Anwendung kommen." Dieses Rückschreiten aufzuhalten, gibt

es aber nur ein Mittel: Befreiung von Servituten, da Wirth=
schaftsmaßregeln unmöglich helfen können, denn wenn dieselben genügen
würden, so müßte die Degeneration der Waldungen dieses Kreises,
der Pfalz und der Oberpfalz, welche immer noch zunimmt, schon
lange wenigstens stillgestanden haben.

Die Belastung im Kreise Schwaben, 61 und 25 Procent, ist
schon bedeutend geringer als in den vorhergehenden Kreisen, die
Ertragsverhältnisse sind die günstigsten in ganz Bayern und zwar,
Niederbayern ausgenommen, hervorragend — 0.24—0.44 Klafter
mehr als Unterfranken und Pfalz — günstig. Auch die Gemeinde= und
Privatwaldungen dieses Kreises stehen im Ertragsverhältniß mäßig
gut. Der überwiegend größte Theil der Waldungen gehört der
„Landschaft zwischen den Alpen und der Donau," nur ein kleiner
Theil den „Alpen" und dem „fränkischen Jura" an.

Die im Kreise vorherrschenden Diluvialgebilde liefern einen im
Allgemeinen sehr guten Waldboden. In dem Hauptgebiete desselben
herrscht das Nadelholz — 76 pCt. Nadel= und 19 pCt. gemengter
Wald — noch mehr vor als in beinahe allen übrigen Kreisen.
Ausgeprägte Krüppelbestände oder Bestände, welche es bald zu wer=
den drohen, hat dieser Kreis in größerer Ausdehnung nicht, wol
aber noch gemischte Fichten= und Tannenbestände mit einem Ma=
terialvorrathe von 150—180 Klafter und darüber pro Tagwerk
bei einem Alter von 120—150 Jahren. Aber nicht blos aus die=
sem Umstande und dem bessern Boden, sondern auch aus der ge=
ringern Belastung muß der bedeutend höhere Ertrag hergeleitet
werden. Natürlich vertragen gute, mineralisch kräftige Böden eine
stärkere Ausnutzung, denn so gut die Landwirthschaft Böden hat,
welche alle zwei oder drei, und solche, welche nur alle fünf oder
sechs Jahre gedüngt werden, ebenso hat die Forstwirthschaft Bö=
den, welche bei der Raubwirthschaft — Gras=, Streu= und Holz=
nutzung — schon in der zweiten oder dritten Generation ertragslos
werden, und solche, welche drei und vier Generationen brauchen;

Die Bewaldung Bayern's und der dermalige Zustand derselben. 49

fortgesetzt aber verträgt sie kein Boden. Dieser und der Kreis Mittelfranken mögen noch Waldungen haben, welche auf „bedingtem" Waldboden stocken; unter welchen Verhältnissen solche Böden der Landwirthschaft überlassen werden können oder müssen, darüber später.

Oberbayern ist zwar, wie schon erwähnt, weniger stark als Schwaben belastet und steht dennoch im Ertrage nicht unbedeutend — 0.22 Klafter — zurück. Staats- und Gemeindewaldungen stehen im Verhältniß ziemlich gleich.

Die „Landschaft zwischen den Alpen" und die „Alpen" bilden die Waldgebiete, und da gerade dieser Kreis den weitaus größten Theil der Alpen umfaßt, so erklärt sich auch trotz der geringen Belastung und der guten Waldvegetationsbedingungen der verhältnißmäßig geringe Ertrag, denn, wie schon erwähnt, so werden die Alpen noch lange nicht so ausgebeutet, wie es forstwirthschaftlich zulässig wäre. Zieht man diesen Umstand, in Verbindung mit dem geringen Reiserholzabsatz gegenüber dem vorhergehenden Kreise — 1.12 weniger — in Betracht, so erscheint der Ertrag nicht mehr so gering.

Das Weiderecht, das zwar schwer auf den Alpenwaldungen lastet — f. Tabelle C — ist nicht blos unbedingt schädlich, sondern auch sehr hinderlich und lästig bei der Bewirthschaftung, entzieht aber doch dem Boden nicht die große Menge von Nährstoffen und hat nicht die indirekt schlimmen Folgen — Austrocknung, verringerte Aufnahmefähigkeit ꝛc. — wie die Entnahme der Bodenstreu.

Wie schon einmal bemerkt, sind die Alpen und auch der größte Theil der an sie grenzenden Landschaft absolutes Waldgebiet und ein großer Theil der Berge werden als Schutzwaldungen erklärt werden müssen. Die Erhaltung oder Wiederherstellung einer vollen, guten Bewaldung dieses Gebietes liegt im Interesse nicht blos einiger Kreise, sondern beinahe des ganzen Königreichs; auch würde man mit der Entwaldung — schlechte Bewaldung ist halbe Ent-

Heiß, Der Wald.

waldung — den Wasserreichthum und damit die Fruchtbarkeit, Gesundheit und Schönheit einer großen, reichen Landschaft untergraben.

Die Waldungen Niederbayerns sind am geringsten belastet, liefern aber auch den höchsten Ertrag an Stammholz — 0.72, während Schwaben nur 0.59 Klafter aufweist. Wenn dieser Kreis im Gesammtertrage gegen Schwaben zurücksteht, trotzdem er weniger belastet ist, so erklärt sich dies schon aus der Lage der Waldungen und dem daraus resultirenden Absatze des Holzes. Auffallend gering gegenüber den Staats= ist der Ertrag der Gemeindewaldungen — 0.23 Klafter= und Wellenholz weniger — und es läßt sich diese Thatsache nur auf schlechte Bewirthschaftung und starke Ausnutzung zurückführen.

Die Hauptmasse der Waldungen liegt im „bayerischen Wald". In der „Landschaft zwischen den Alpen und der Donau" liegen nur zwei größere, zusammenhängende Forste: der „Neuburger Wald" und der „Dürrenbucherforst."

Die Lage des bayerischen Waldes an der Ostgrenze Bayern's, entfernt von bevölkerten Gegenden und großen Städten, bringt es mit sich, daß geringere Durchforstungssortimente, Reiser ꝛc. noch gar nicht absetzbar sind; daher der vorwiegend starke Stammholz= und der unbedeutende Wellenholzanfall.

Die Waldungen stocken auf sehr gutem Boden und bestehen aus 66 pCt. Nadelholz, 30 pCt. gemengtem Nadel= und Laubholz und nur 4 pCt. Laubholz. Der größte Theil auch dieses Waldlandes ist absolutes Waldgebiet und speist die Quellen vieler Bäche und Flüsse.

Werfen wir nun noch einen raschen Blick auf das Ganze und suchen gleiche Erträge und Formen in einen Rahmen zu bringen.

Sechs Kreise, d. h. die Staatswaldungen derselben, sind so übermäßig mit Rechten aller Art belastet, daß nur 9—18 pCt. gänzlich frei sind, und zwar lastet nicht blos das eine oder andere

Recht auf denselben, sondern Holz-, Streu- oder Weiderecht zugleich lasten schon auf 54—88 pCt. dieser Waldungen. Entsprechend diesen Belastungsverhältnissen steht aber auch der Holzertrag dieser Kreise zwischen 0.14—0.38 Klafter Stammholz geringer. Gemeinde- und Privatwaldungen entziehen sich einem richtigen Vergleich, weil in der Regel im Falle der Nichtbelastung der Eigenthümer sämmtliche Produkte gewinnt. Ein Kreis ist zwar ziemlich über Mittel — 61 pCt. — belastet, jedoch haften Holz-, Streu- und Weiderechte doch nur auf 25 pCt.; zwei Kreise sind nicht ganz zur Hälfte, in Anbetracht der Belastung sub a. aber nicht viel weniger als der vorhergehende mit Forstrechten behaftet; sie lassen sich also als zweite Gruppe zusammen betrachten und stehen auch wirklich die Stammholzerträge von zweien schon gleicher; Niederbayern mit vorwiegend geringerer Belastung hat auch einen bedeutend höhern Ertrag. Im Ganzen sind noch 77 pCt. der ganzen Staatswaldfläche mit irgend einem Rechte und 59 pCt., sage 59 pCt. mit Holz-, Streu- und Weiderechten zugleich belastet[1]). Bedeutungsvoller werden diese Zahlen noch, wenn man bedenkt, daß nach der Forstverwaltung Bayern's S. 12 auch gerade 75 pCt. der sämmtlichen Waldungen Bayern's absolutes Waldland sind, welches mit Wald bestockt bleiben muß, wenn nicht unberechenbare, volkswirthschaftliche Nachtheile entstehen sollen. In den Kreisen aber, in welchen 82—91 pCt. der Waldungen belastet sind, kann doch für die Erhaltung derselben nicht mehr garantirt werden, im Gegentheil spricht der theilweise Zustand dafür, daß eine stetige, immer rascher und rascher

---

[1]) Die 1869 erschienenen forststatistischen Mittheilungen enthalten eine Uebersicht der in den Etatsjahren 1853/54 bis 1866/67 von dem königl. Aerar eingelösten Forstrechte; es sind also seit dem Erscheinen der Forstverwaltung Bayern's 1861 noch Ablösungen erfolgt und wird daher die dermalige Belastung vielleicht einige Procente weniger betragen.

fortschreitende Degeneration die unvermeidliche Folge des bisherigen Ausnutzungssystems, der bisherigen Raubwirthschaft ist. Wer viele Hochwaldungen nicht blos gesehen, sondern kennen gelernt und Zustand und Ertrag verglichen hat, der wird nicht bestreiten können, daß solche mit einem Ertrage von weniger als 0.50 Klaftern und Wellenhunderte — 100 Wellen gleich 1 Klafter — schon im Rückgange begriffen sind; entsprechende Holzartenbestockung und Mischung, richtiger Umtrieb und rationelle Wirthschaft natürlich vorausgesetzt.

Nun sehen wir aber, daß von den dreizehn Waldgebieten Bayern's bereits acht, also mehr als die Hälfte unter dieser Grenze angekommen sind, ein Zustand, der jedem tiefer Denkenden große Besorgniß einflößen muß, und alle Forstwirthe, welche unsere Waldzustände schon mit Aufmerksamkeit betrachtet und über die Zukunft nachgedacht haben, sprechen diese Besorgniß auch aus. Dieser Besorgniß hat Martin in seinem Wälderzustande auch schon vor 38 Jahren Ausdruck gegeben, und wenn man seine Schilderungen heute liest und mit dem dermaligen Zustande vergleicht, so ist es nicht blos nicht besser, sondern schlimmer geworden; die Degeneration hat starke Fortschritte gemacht. Die Waldungen des Haardtgebirges, des oberpfälzischen Hügellandes, des Spessart, des fränkischen Jura, der fränkischen Höhe und Ebene — Nürnberger Reichswald — weisen schon ziemlich große ertragslose Flächen und Knüppelbestände von bedeutendem Umfange auf; rückgehende Bestände aber, in welchen die Kiefer schon nicht mehr den normalen Ertrag gibt, das Laubholz gänzlich verschwunden ist und selbst Fichten und Tannen allmälig zu verschwinden drohen, sind gar keine Seltenheit mehr. Was soll aber aus diesen Waldungen bei so fortgesetzter Ausnutzung beim nächsten Umtriebe werden? Antwort: halbe oder ganze Krüppelbestände.

Wir Forstwirthe haben die Waldungen eingetheilt, die Holzvorräthe aufgenommen, den Zuwachs berechnet und Alles sau=

Die Bewaldung Bayern's und der dermalige Zustand derselben. 53

ber und ordentlich zu Papier gebracht; wir stellen lange Tabellen auf und führen genaue Buchhaltung mit Soll und Haben — Schätzung und Anfall — für jede Abtheilung; wir rühmen uns, nachhaltig zu wirthschaften; wir verjüngen natürlich und künstlich, säen und pflanzen, führen Läuterungs-, Durchforstungs- und Auszugshiebe u. f. w., kurz, wir thun im Allgemeinen gewiß unsere Schuldigkeit; in einer Beziehung aber thun wir sie nicht, denn wir protestiren nicht laut, nicht oft, nicht allgemein genug, nicht fort und fort gegen die fortgesetzte Raubwirthschaft. Wir verstehen unsere Wirthschaft, aber auf die Dauer können wir nur dann gut und mit Erfolg wirthschaften und stetig höhere Erträge erzielen, wenn wir das Gleichgewicht zwischen Einnahme und Ausgabe im Boden erhalten; **hierauf beruht die wahre Nachhaltigkeit.**

Sechster Abschnitt.

Natur und Entstehung der Nutzungsrechte (Servitute) in den Waldungen, deren Schädlichkeit in verschiedener Beziehung.

———

Eine weitläufige Erörterung der Natur- und Entstehungsgeschichte der Servitute — um einen kurzen, allgemeinen Ausdruck zu gebrauchen — liegt nicht im Zwecke dieser Schrift; wenn die allgemeine Schädlichkeit derselben nachgewiesen ist, so folgt daraus die Nothwendigkeit der Ablösung, gleichgiltig, wann und wie sie entstanden sind.

Die Begriffsbestimmung nach Art. 637 des Code Civil ist: „Eine Grunddienstbarkeit ist eine Last, die auf ein Grundstück gelegt ist zum Gebrauche und zum Nutzen eines Grundstückes, das einem andern Eigenthümer zugehört."

Da die Berechtigungen in Waldungen in der Regel oder beinahe immer Prädialservitute sind, also zum Vortheil von Grund und Boden, bei einem einzelnen Gute zum Vortheile desselben, bei einer Landgemeinde zum Vortheile der Gemarkung, beziehungsweise derjenigen, welche das Land besitzen und bebauen, gereichen sollen, so können die Personal-Servitute außer Betracht bleiben. Die Entstehungsgeschichte der meisten Grundgerechtigkeiten läßt dieselben auch als „ein nur vom Grundeigenthum abgelöstes Stück desselben be-

Natur und Entstehung der Nutzungsrechte.

trachten"[1]). Auch die preußische Gemeintheilungs=Ordnung vom 7. Juni 1821 betrachtet die Ablösung nur als eine Art Auseinander=setzung einer Nutzungsgemeinheit. Die Entstehungsursachen der Wald=servitute mögen zwar sehr verschieden gewesen sein, lassen sich aber doch auf drei zurückführen:

1. Ausscheidung eines vorherigen gemeinschaftlichen Besitzes.
2. Zugeständnisse; selten wol auch Kauf.
3. Usurpationen.

ad 1. Es kann wol nicht dem geringsten Zweifel unterliegen, daß die Waldungen in den ältesten Zeiten und theilweise noch bis gegen das Mittelalter entweder herrenloses Gut oder gemeinschaft=liches Eigenthum waren. Erst nachdem sich aus dem altgermani=schen Gefolgschaftswesen zur merovingischen und karolingischen Zeit und namentlich im neunten und zehnten Jahrhundert das Feudal= oder Lehenswesen herausgebildet hatte, gingen die bisher noch herren=losen oder im gemeinschaftlichen Genuß sich befindlichen Waldungen allmälig in den Lehensbesitz oder in das ausschließliche Privateigen=thum über; die großen zusammenhängenden Forste wurden nicht selten von den Kaisern der Jagd wegen in Bann gethan — Dr. Meyer zählt in seinem Buche: „Der frühere und dermalige Stand ꝛc." Nürnberg 1851, vierzehn Reichsforste auf — und zu Reichsforsten erklärt. Bei diesem Uebergang ist es nun gewiß nicht selten vor=gekommen, daß der Grundherr seinen Vasallen, seinen Grund=holden ꝛc. noch eine Art Miteigenthum beließ, ein Bezugsrecht an Holz oder andern Waldprodukten zugestehen mußte. Auch durch die Art der Theilung oder eigenmächtigen Aneignung der frühern Mark=waldungen durch den Beschützer der Mark, den Territorialherrn, sind gewiß viele Servitute entstanden, denn man mußte doch den aus dem Eigenthum verdrängten Markgenossen wenigstens Nutzungs=rechte zugestehen.

---

[1]) v. Savigny.

Sechster Abschnitt.

ad 2. Ganz ähnlich ist der zweite Fall, wo der Grundherr seinen Vasallen oder der Lehensherr den unfreien Bauern erst später nach der vollständigen Ausscheidung des Privateigenthums Zugeständnisse aller Art an seinem Waldeigenthum gemacht hat, und zwar entweder gegen Leistung von persönlichen Diensten — Frohnen aller Art, namentlich auch Jagdfrohnen — oder gegen eine zu leistende Entschädigung — Rekognition an Naturalien 2c., selten an Geld. Nicht selten sind auch die Fälle, wo neue Ortschaften gegründet und Ansiedler durch solche Zugeständnisse herbeigezogen werden sollten, oder wo schon bestehenden Ortschaften Waldrechte zugestanden wurden, um eine Vergrößerung derselben herbeizuführen.

ad 3. Auch auf verjährten Usurpationen beruhen manche Forstberechtigungen, und die Ausdehnung von gegebenen Zugeständnissen ist gewiß auch nicht selten vorgekommen[1]). Bei der großen Ausdehnung der Waldungen in frühern Zeiten, der Werthlosigkeit ihrer Produkte — war doch die Jagd oft das Werthvollste am Waldbesitz — dem Mangel an Schutz wollte und konnte es der Eigenthümer, der den Wald selbst, vielleicht nur der Jagd wegen, usurpirt hatte, nicht hindern, daß seine Sassen ihr Vieh in den Wald trieben, geringeres Holz zu ihrem Bedarfe aus demselben entnahmen, später wol auch Gras und Streuwerk daraus holten 2c.[2]).

---

[1]) Meyer, S. 16: „Besonders bemerkenswerth ist, daß nach dem burgundischen Gesetz, tit. 28, cap. I, § 3 einem Jeden, der keinen Wald hatte, erlaubt war, in dem eines Andern sich zu seinem Brennholzbedürfnisse liegendes Holz und nicht Früchte tragende Stämme zuzueignen, und daß selbst dessen Eigenthümer ihn hieran bei Strafe nicht verhindern durfte. Diese Gesetze verbreiteten sich über einen großen Theil des westlichen Deutschlands, und die dortige Uebung mag auch weiter sich geltend gemacht und zu der in der Zeitfolge bestehenden Servitut der Holzberechtigung Veranlassung gegeben haben."

[2]) Ueber die Entstehung der Forstservitute vide: Stieglitz, Geschichtliche Darstellung der Eigenthumsverhältnisse 2c., Leipzig 1832; Dr. Meyer, Der frühere und dermalige Stand bei den Waldungen und Jagden 2c.,

Natur und Entstehung der Nutzungsrechte. 57

Die Forstrechte mögen nun aber auf diese oder jene Weise entstanden, damals sogar unvermeidlich gewesen sein und volkswirthschaftlich zur bessern Ausnutzung der Waldungen und Schaffung von neuen Werthen beigetragen haben, so sind dies gewiß keine Gründe, auch jetzt noch unter gänzlich veränderten Verhältnissen deren Beibehaltung zu befürworten. Diese Beibehaltung wäre vom volkswirthschaftlichen Standpunkte — der einzige, von dem aus ihre Beibehaltung noch zu vertheidigen versucht wird — nur zu rechtfertigen, wenn auch gegenwärtig noch wie früher nur durch manche Servitute die vollständigste Benutzung sämmtlicher Waldprodukte möglich wäre, wie Hr. v. Berg S. 182 seines citirten Werkes annimmt. Diese Annahme ist aber unrichtig, denn wenn ein Waldprodukt so viel Werth besitzt, daß sich die Gewinnung lohnt, so wird dasselbe nach der Ablösung gewiß der Eigenthümer gewinnen oder er wird es dem bisherigen Berechtigten zeitweise gegen Bezahlung überlassen; er wird dies aber nur dann und dort thun, wo der Nutzen, der durch die Gewinnung entsteht, größer ist als der Schaden. Die Hauptsache aber ist, daß der Eigenthümer in seiner Wirthschaft nicht mehr gehindert werden kann.

In richtiger Würdigung nun der Thatsache, daß eine rationelle, intensive Bodenkultur ohne vollständige Freiheit desselben nicht möglich sei, daß ohne vorgängige Aufhebung der Grundgerechtigkeiten an eine Verbesserung des Ackerbaues nicht zu denken sei, wurden in Deutschland die Fesseln überall, bald früher, bald später, gelöst; mit dem Jahre 1848 fielen die letzten, d. h. bei der Land-

---

Nürnberg 1851; v. Berg, Die Staatsforstwirthschaftslehre ꝛc., Leipzig, Brockhaus, 1850; Dr. W. Pfeil, Anleitung zur Ablösung der Waldservitute, Berlin, Veit & Co. 1854; Dr. P. C. Roth, Handbuch des Forstrechts ꝛc., München 1863; Dr. Joseph Albert, Lehrbuch der Forstservituten-Ablösung, Würzburg 1868; sodann das neue bedeutende Werk: Geschichte des Waldeigenthums, der Waldwirthschaft ꝛc. von A. Bernhardt, königl. preuß. Forstmeister, Berlin 1872, Springer.

wirthschaft¹), denn die Forstwirthschaft trägt sie jetzt noch in vielen deutschen Staaten, sehr stark aber, wie wir gesehen haben, in Bayern.

Die Nachtheile der Forstrechte sind:

a) Forstwirthschaftliche Hindernisse.
b) Finanzielle Verluste für den Eigenthümer.
c) Volkswirthschaftliche Verluste.

ad a. Wenn es die Aufgabe jeder Produktion sein muß, die werthvollsten Güter mit dem geringsten Kraftaufwande hervorzubringen, so kann die Forstwirthschaft dieser Aufgabe so lange nicht nachkommen, bis ihr die Fesseln abgenommen sind, da sie die Einführung der rationellsten Betriebsweise und mit ihr die Hervorbringung der größten und werthvollsten Holzmasse mit dem geringsten Kostenaufwande hindern.

Die Hindernisse, welche die Berechtigungen der Forstwirthschaft bereiten, sind nun zwar nach der Natur der Belastung und sogar nach dem Walde, seiner Betriebsart ꝛc. sehr verschieden und mehr oder minder drückend; einiges haben sie aber alle gemeinsam: Jede Berechtigung hindert den Waldeigenthümer, eine Betriebsart, z. B. Hochwald mit Niederwald und umgekehrt, zu vertauschen, ebenso in der Regel an einem vielleicht nicht blos vortheilhaften, sondern nothwendigen Holzartenwechsel, denn verliert der Berechtigte durch den Wechsel von Holz- oder Betriebsart, so wird er klagend auftreten, gewinnt er aber, so verliert in der Regel der Eigenthümer. Eine Berechtigung auf Bauholz verbietet z. B. den Uebergang zum Niederwalde, weil der Bauholzberechtigte klagend auftreten würde; umgekehrt würde der Eigenthümer zu empfindlichen Schaden erleiden, wenn er bei einer Berechtigung auf das Reiserholz bis zu einer gewissen Stärke die Umwandlung vorneh=

---

¹) In Hannover blieben die Zehntrechte und die gutsherrlichen Schäfereiberechtigungen bis 1856 bestehen.

Natur und Entstehung der Nutzungsrechte. 59

men wollte; ist die bestehende Betriebsart aber Niederwald, so wird der Eigenthümer gehindert, in Hochwald umzuwandeln, weil der Berechtigte verlieren würde. Gemeinsam ist noch allen Berechtigungen, daß sie die Berechtigten stets zu erweitern, die Eigenthümer aber einzuschränken streben, was sehr häufig zu langwierigen und kostspieligen Prozessen Veranlassung giebt. Diese Prozesse zu vermeiden, wird der Eigenthümer oft Maßregeln unterlassen, welche im Interesse einer intensiven Forstwirthschaft geboten wären und welche ergriffen werden würden, wenn die Berechtigung nicht bestände.

ad b. Der finanzielle Verlust, den der Eigenthümer und namentlich der Staat durch die Berechtigungen erleidet, beschränkt sich nicht blos auf den Verlust des Produktes, welches der Berechtigte bezieht — es wäre dies wenigstens kein volkswirthschaftlicher Nachtheil — sondern ist auch häufig noch ein indirekter, welcher dadurch entsteht, daß der Eigenthümer z. B. einen vortheilhaftern Umtrieb nicht einführen, daß er Läuterungshiebe und Durchforstungen nicht zu rechter Zeit ausführen kann oder ganz unterlassen muß zc. Ein finanzieller und volkswirthschaftlicher, noch viel zu wenig gewürdigter Nachtheil aber ist es, daß in den belasteten Waldungen mit dem gleichen Kapital — Boden und Holzbestand — und höherem Arbeitsaufwande — Bewirthschaftungs-, Schutz-, Fabrikations-, Kultur- und Wegbaukosten, Steuern und Umlagen — geringere Werthe erzeugt werden. Nehmen wir ein gleich großes Revier mit genau denselben Verhältnissen von 10—12000 bayer. Tagw. — 3333 oder 4000 Hekt. — Größe an, so wird bei einem Umtriebe von 100 bis 120 Jahren das stockende Holzkapital — der Holzvorrath vom ein- bis 120jährigen Alter — die gleiche Bodenfläche einnehmen, der Ertrag aber bei einer Berechtigung auf Streuwerk, Raff- und Leseholz, Weide zc. — Berechtigungen, die sogar sehr häufig zusammen vorkommen — bedeutend geringer sein, wie aus Tabelle D zu ersehen.

Nehmen wir nun an, die Bewirthschaftung erfordere in dem einen wie in dem andern Reviere nur einen Beamten, so ist das Verhältniß in Beziehung auf den Schutz schon ungünstiger, denn während das eine Revier — je nach der Entfernung von stark bewohnten Ortschaften, der Zusammenlage ꝛc. — von vier bis sechs Personen ausreichend beschützt werden kann, wird der Schutz des andern sicherlich einige Personen mehr fordern.

Die Holzfabrikationskosten werden insoferne verhältnißmäßig höhere sein, als unter irgend drückenden Berechtigungen der Holzertrag auch qualitativ sich vermindert, wie später nachgewiesen werden wird. Ob man nun die Holzhauer pro Stamm oder richtiger pro Festmeter ablohnt, so wird doch immer ein Kubikmeter geringerer Qualität derselben oder einer werthvollern Holzart gleich bezahlt werden müssen; ebenso wird für einen Raummeter altes Kiefernherzholz ebenso viel bezahlt werden müssen, wie für schlechtere Qualität, für Kiefern soviel wie für Buchen ꝛc., obgleich der Verkaufswerth ein sehr verschiedener ist.

Die Kulturkosten werden sich wenigstens in Folge von Streurechten bedeutend erhöhen, denn während in nicht berechten, geschlossenen Laubholzbeständen eine natürliche Verjüngung durch den Samenabfall der Mutterbäume möglich ist, muß in Beständen, wo Laub gerecht wurde, entweder auf die natürliche Verjüngung ganz verzichtet, oder wenigstens eine kostspielige Bodenauflockerung vorgenommen werden, da der Boden in Folge des Humus- und Laubentzuges und der dadurch wieder bedingten Lichtstellung mehr oder minder verhärtet ist und dem abfallenden Samen kein geeignetes Keimbett bietet; diese schwierigere und darum theurere Arbeit wird sich aber bei allen Bodenvorbereitungen sowol zur Saat als wie zur Pflanzung wiederholen.

ad c. Wenn der berühmte Nationalökonom Dr. Lette sich über die Nothwendigkeit der Ablösung wie folgt ausdrückt: „Die Fortdauer der an sich kulturschädlichen oder die anderweitige bessere Be-

Natur und Entstehung der Nutzungsrechte. 61

wirthschaftung und Benutzung der Grundstücke fesselnden ein- oder wechselseitigen Grundgerechtigkeiten auf Feld und Wald war nur so lange zu ertragen, als die ihnen entsprechende Gemeinheits- und Naturalwirthschaft mit den bürgerlichen und wirthschaftlichen Zuständen der ganzen Gesellschaft im Einklang stand. Sie ist **unvereinbar mit einer im Fortschritt begriffenen rationellen Land- und Forstwirthschaft**, bei der Bewegung und Anwendung von Intelligenz, Kapital und Arbeit auf Verbesserungen des Grund und Bodens und dessen Ertragserhöhung. Deßhalb waren Gesetze über Ablösung der kulturhemmenden Dienstbarkeitsrechte und Aufhebung der damit zusammenhängenden Nutzungsgemeinschaft dringend geboten," — so hat er nicht blos die Dringlichkeit der Ablösung klar dargelegt, sondern auch die volkswirthschaftlichen Nachtheile der Grundgerechtigkeiten hervorgehoben.

Jede Berechtigung, die eine mehr, die andere weniger, hindert die bessere und beste Bewirthschaftung und also die Ertragssteigerung; diese Behinderung aber bewirkt, daß auf der gleichen Waldfläche eines Landes weniger Produkte gewonnen werden; ein volkswirthschaftlicher Nachtheil, der unter Umständen sehr bedeutend sein kann, wie wir später noch sehen werden[1]). Berechtigungen,

---

[1]) Dr. C. H. Rau, Grundsätze der Volkswirthschaftslehre, Heidelberg 1841, sagt hierüber S. 455: „Wenn indessen gleich der bessern Verzinsung wegen die Zucht von jüngerem Holze für den Waldeigner vortheilhafter ist, so verhält es sich doch in volkswirthschaftlicher Hinsicht anders. Hier entscheidet nicht die Geldeinnahme des Einzelnen, sondern die Größe des Volkseinkommens, nach dem konkreten Werthe bemessen, und für diese ist der frühere Empfang einer Holzmasse, der ein- für allemal stattfindet, kein hinreichender Ersatz für den Nachtheil, daß **fortwährend von gleicher Fläche eine geringere Holzernte** gezogen wird." Die geringere Holzernte auf gleicher Fläche als Folge der Berechtigungen ist für unsern Fall das Entscheidende. — v. Berg, S. 184: „Bei der Eigenthümlichkeit des Waldbaues, daß der gegenwärtige Besitzer in Bezug auf den Geldpunkt selten die Früchte seiner Anstrengun-

welche das Bodenkapital, d. h. die Bodennährkraft, nach und nach angreifen, haben aber nicht blos den Nachtheil der fortwährend sinkenden Quantitätsproduktion auf gleicher Fläche, sondern den nicht minder schweren der schlechtern Qualitätsproduktion. Ein anderer, beinahe allen Forstrechten gemeinsamer Nachtheil ist die Verschwendung[1]), daß mit Holz= und Streuwerk, welches nach den Begriffen der ungebildeten Menge „nichts kostet," stets und immer achtlos und verschwenderisch umgegangen wird; auch davon später mehr.

Daß Forstberechtigungen nicht selten zu Prozessen Veranlassung geben, wurde schon erwähnt; daß es aber volkswirthschaftlich gewiß nicht vortheilhaft ist, wenn die Prozeßwuth eines Volkes geweckt und genährt wird, dürfte sogar jeder Anwalt zugeben. Als schlagendes Beispiel, wie leicht Berechtigungen diese böse Leidenschaft wecken, soll dienen, daß die Forstberechtigungen in der bayerischen Pfalz — deren Waldungen allerdings sehr schwer belastet sind — schon zu 50 bis 60 Prozessen zwischen Staat und Gemeinden oder Staat und Privaten Veranlassung gegeben haben. Welche gewaltige Menge von Zeit und Arbeit wurde hier von Richtern, An=

---

gen und Opfer ernten kann, ist es ein sehr natürliches menschliches Gefühl, daß die Lust und Liebe zur Waldkultur geschwächt wird, wenn der Besitzer sich immer selbst sagen muß, daß er zum Theil nur für Andere (die Berechtigten) Mühe und Geld aufwende. Das wird aber noch vermehrt dadurch, daß die Berechtigten oft in ihrem einseitigen Interesse dem Waldbesitzer Hindernisse in den Weg legen, wenn er Verbesserungen anbringen will. Wie sehr das Gesammteinkommen des Volkes dadurch gefährdet wird, bedarf einer weitern Erörterung nicht."

[1]) Roscher, Die Grundlagen der Nationalökonomie, 7. Aufl., Stuttgart 1868, S. 449: „Als unproduktive Konsumtion muß übrigens nicht blos jeder wirthschaftliche Verlust, jeder Aufwand zu schädlichem Zwecke, sondern auch jeder überflüssige Aufwand zu nützlichem Zwecke bezeichnet werden." — Nach Rentzsch ist „Verschwendung die unproduktive Verwendung von Arbeit und Kapital."

Natur und Entstehung der Nutzungsrechte.

wälten, Zeugen, Experten ꝛc. verschwendet! Und daß Prozesse beim besten Willen des Eigenthümers und seiner Beamten nicht so leicht zu vermeiden sind, weiß jeder, der schon solche Waldungen verwaltet hat. Wenn sich der Berechtigte durch irgend eine, wirthschaftlich vielleicht durchaus nothwendige Maßregel des Eigenthümers beeinträchtigt glaubt und er findet einen Agenten oder Anwalt, der ihn in seiner Ansicht bestätigt, so ist der Prozeß fertig.

Um übrigens die Schädlichkeit der Forstberechtigungen in den genannten drei Beziehungen genau kennen zu lernen, ist es nothwendig, die Rechte einzeln vorzuführen und zwar je nach dem Grade ihrer allgemeinen Schädlichkeit; daß in dieser Beziehung aber der Streunutzung unbedingt der Vorzug gebührt, ist vollständig zweifellos.

1. Die Streunutzung. Dieses Krebsübel der Waldungen, diese schleichende Devastation, dieser Zankapfel zwischen Land- und Forstwirthschaft oder richtiger zwischen den Forstwirthen und dem denkfaulen und urtheilslosen Theile der Landwirthe muß verschwinden, wenn nicht ein großer Theil unserer Waldungen — verschwinden soll.

Sollte es denn noch nothwendig sein, nicht die schädliche, sondern die geradezu devastirende Wirkung einer fortgesetzten Streunutzung auf die Waldungen noch einmal zu beweisen? Dem Techniker gegenüber ist es sicherlich nicht mehr am Platze, und selbst dem Laien gegenüber, der sich überzeugen lassen will — und bei dem andern Theile hilft nur Zwang — dürfte eine lange Auseinandersetzung nicht mehr geboten sein, denn wer Augen hat und sehen will, findet in jedem Lande, in jedem Kreise Bayerns die traurigen Beweise; verlichtete, kümmerliche Waldungen, kahle Höhen, trostlose Oedungen sind die Zeugen dieser kurzsichtigen Waldmißhandlung, dieser elenden, ausgeprägten Raubwirthschaft. Die forstwirthschaftlichen Nachtheile dieser Nutzung sind im Allgemeinen schon hervorgehoben; warum aber gerade diese Nutzung vorzugsweise schädlich ist, soll im Folgenden kurz erörtert werden.

Unter Waldstreunutzung versteht man bekanntlich das Zusammenrechen des abgefallenen dürren Laubes, der Nadeln, des Mooses, des dürren Grases und das Schneiden von Forstunkräutern aller Art. Eine andere, vollständig unschädliche Form der Streunutzung bildet die Aststreu, d. h. die Gewinnung der grünen Zweigspitzen von Tannen, Fichten und Kiefern zur Einstreu.

C. Gayer sagt in seinem trefflichen Werke, „Die Forstbenutzung": „Zu allen Zeiten war man in der Forstwirthschaft bemüht gewesen, die Streu- und Humusdecke dem Waldboden zu erhalten, denn man erkannte in ihr das natürliche Mittel, **die Erzeugungskraft des Bodens möglichst unverkürzt zu bewahren**. Die Wahrheit dieses aus der übereinstimmenden Erfahrung aller Forstwirthe hervorgegangenen Satzes wird durch die Wissenschaft und die direkten Versuche vollkommen bestätigt."

Dieser Satz drückt klar und bündig aus, warum die natürliche Decke und mit ihr auch der naturgemäße Ersatz der durch die Vegetation verbrauchten Bodennährstoffe dem Walde erhalten bleiben muß. Die natürliche Decke des Waldbodens sind die abgefallenen Blätter, die Nadeln, das Moos und unter ihnen die vermoderten Schichten: der Humus; Ueberzug von Forstunkräutern — Haide, Heidelbeeren u. s. w. — zeigt immer an, daß der Wald entweder den vollen Schluß noch nicht hat — in der Jugend — oder daß er schon verloren gegangen — im Alter. —

Die von oben nach unten im fortschreitenden Verwesungszustande sich befindende Waldbodendecke und der Humus sind also in **zweifacher Beziehung** nicht blos wichtig, sondern unersetzlich für den Wald.

Die Waldbodendecke wirkt also **indirekt**, indem sie die Feuchtigkeit erhält und die Wurzeln schützt, **direkt als Nahrungsquelle**. Laub und Nadeln, mit dürren Reisern gemengt, liegen im geschlossenen, nicht berechten Walde in mehr oder minder hohen, lockern Schichten übereinander, und zwar nimmt die Lockerheit von oben nach unten ab. Dieser Zustand befähigt die Decke, bedeutende Wassermengen in sich aufzunehmen, zu vertheilen und nach unten in den Wurzelbereich zu befördern. Wir sehen daher im geschlossenen Walde selbst bei heftig niederströmendem Gewitterregen, — deren Gewalt übrigens auch durch den engen Schluß und die dichtere Belaubung gebrochen wird, — und stark geneigten Gehängen immer bedeutend weniger Wasser abfließen, als dort, wo diese Decke schwächer ist oder ganz fehlt, denn dieselbe saugt nicht blos auf, sondern bildet auch ein mechanisches Hinderniß gegen das Zusammenströmen und den raschen Abfluß. Wer mit beobachtendem Blicke im Walde geht, kann schon aus der Häufigkeit und der mehr oder minder bedeutenden Tiefe und Breite der Rinnsale und Wasserrisse beurtheilen, ob und wie stark der Wald mit Streunutzung heimgesucht ist; natürlich immer mit Rücksicht auf die Neigung der Gehänge.

Die Waldbodendecke hat übrigens nicht blos die Fähigkeit, Wasser aufzunehmen, sondern auch, es festzuhalten, eine Eigenschaft, die namentlich das Moos und der Humus in hohem Grade besitzen. Aber nicht blos wasseraufnehmende und wasserhaltende Kraft besitzt die Waldbodendecke, sondern sie schützt auch vor rascher Verdunstung des gebundenen Wassers und bildet eine schützende Decke über den Wurzeln, welche sonst Beschädigungen aller Art ausgesetzt wären.

Diese eine Wirkung der Bodendecke ist eigentlich schon hinreichend, die Verderblichkeit der Streunutzung zu beweisen, denn ohne Wasser, ohne Feuchtigkeit ist keine Nahrungsaufnahme aus dem Boden möglich, da alle mineralischen — anorganischen oder Aschenbestandtheile — Nährstoffe nur im aufgelösten Zustande durch die Wurzeln den Pflanzen zugeführt werden. Die Bäume leben nun allerdings nicht blos von der Nahrungsaufnahme aus dem Boden, aber eben so wenig auch von der Aufnahme aus der Luft allein, denn wenn die Aschenbestandtheile auch den kleinern Theil ausmachen, so sind sie doch vollständig unentbehrlich, da an ihre Gegenwart sich die Bildung von organischen Pflanzentheilen knüpft.

Diese so nothwendigen mineralischen Nährstoffe enthalten aber gerade von allen Baumtheilen die Blätter und Nadeln in größter Menge[1]).

Die indirekte Wirkung der Bodendecke und das Verhältniß der Aschenbestandtheile in den verschiedenen Baumtheilen erklärt uns nun auch die Thatsache, daß ein Wald im Zustande der Bodennährstoff-Stabilität bleiben kann, wenn ihm auch die ganze Holznutzung entzogen wird, während er unbedingt in Rückgang — je nach der Ausübung der Nutzung bald langsamer, bald schneller — kommt, sobald man ihm Streuwerk entzieht.

Abschn. V. zeigt, wie die thatsächlichen Waldzustände und die Art der Waldnutzung vollständig mit der Theorie übereinstimmen.

Es würde uns zu weit führen und ist für unsere Zwecke, — welche ja nur den Nachweis fordern, daß die Streunutzung unter

---

[1]) Gayer giebt Seite 407 ff. an: „Das Schaftholz enthält im Durchschnitt kaum ½ pCt. Aschenbestandtheile; aschenreicher ist das Astholz, — und zwar um so mehr, je jünger dasselbe ist, — und steigt der Gehalt bis zu 3 pCt. und mehr. Von den gewöhnlichen mineralischen Nahrungsstoffen, Kali, Phosphorsäure, Kieselsäure, Kalkerde, Talkerde rc., enthält z. B. Kiefern-Zweigholz drei- bis achtmal mehr als das Stammholz. Noch reicher ist die Rinde, namentlich in den obern Stammpartieen. Die größte Aschenmenge haben aber die Blätter und Nadeln; sie beträgt nach Stöckhardt beim Buchenlaub 7.12 pCt., bei den Kiefernnadeln 2.58 pCt., Fichtennadeln 7.13 pCt., Lärchennadeln 9.50 pCt. rc. Nach andern Untersuchungen ist im großen Durchschnitt der Aschengehalt der Kiefernnadeln kaum 2 pCt., der Fichten 4—5 pCt., der Tannennadeln ungefähr 4 pCt. und jener von Buchenlaub 4—7 pCt. Immerhin besitzt sohin der Baum die ausgiebigste Aschenmenge in den Blättern und den jungen Zweigen. Da durch die Zersetzung des Humus die Aschenbestandtheile frei gegeben werden, so ist dadurch einer vollständigen Verarmung des Waldbodens vorgebeugt."

Natur und Entstehung der Nutzungsrechte.

allen Bedingungen die Hauptnutzung bedeutend schmälert und eine rationelle Wirthschaft hindert, — auch nicht nothwendig, ganz streng wissenschaftlich die Streunutzung in allen ihren Stadien zu verfolgen und die mehr oder minder große Schädlichkeit je nach den Holzarten, den Betriebsarten, dem Boden, der Lage ꝛc. nachzuweisen.

Jede Art von Streunutzung aber frißt sich selbst auf, wenn sie längere Zeiträume in exessiver Weise betrieben wird, denn die doppelte Wirkung, welche der Entzug der Bodendecke auf Bodenfeuchtigkeit und Mangel an Nährstoffen hat, macht sich bald auch in der Lichtung des Waldes und dem mangelnden, spärlichen Blattabfalle geltend; Holz- und Streunutzung werden gleichmäßig geringer und verschwinden nach und nach beide. Daß die Streunutzung bei ihren furchtbaren Wirkungen einer rationellen Wirthschaft eine Menge Hindernisse bereitet, ist gewiß sehr erklärlich. Sie ist es hauptsächlich, welche den Wechsel der Holzarten — Abschnitt IV. — hervorruft, denn die werthvollern Holzarten, welche größere Ansprüche an den Boden machen, verschwinden nach und nach und genügsamere nehmen ihren Platz ein. Die natürliche Verjüngung wird immer mehr erschwert und zuletzt unmöglich; ja selbst die künstliche Bodenvorbereitung zur Saat oder Pflanzung wird auf dem ausgetrockneten, harten Boden immer theurer; Saaten und Pflanzungen werden unsicherer im Erfolge und kostspielige Nachbesserungen nothwendig. Die so wohlthätigen Unterpflanzungen von Licht- mit Schattenholzarten, der Uebergang zu neuen, lebensfrischen Waldformen und Betriebsarten muß unterbleiben; aber selbst die alten Betriebsarten mit der Nutzholzzucht versagen den Dienst, und allgemeine Degeneration ist das Ende dieser unseligen Wirthschaft.

Die wirthschaftlichen und finanziellen Nachtheile dieser Nutzung sind schon so oft und so treffend geschildert worden, und sind auch jedem Laienauge so sichtbar, daß wir uns mit ihrer Schilderung nicht mehr weiter aufhalten wollen; wogegen wir uns einmal die viel weniger gewürdigten volkswirthschaftlichen Nachtheile etwas näher besehen wollen.

Die schon hervorgehobene verminderte Produktion auf gleicher Fläche ist in der Hauptsache die unmittelbare Folge der Streunutzung, und da der Boden, d. h. die Bodenfläche eines Landes nicht beliebig vermehrt werden kann, so ist es von höchster volkswirthschaftlicher Bedeutung, daß dem Gesammtboden die höchsten Erträge abgewonnen werden. Da absolut sichere Durchschnittszahlen über den Verlust an Holznutzung in Folge der Streunutzung nicht vorhanden sind, und auch wahrscheinlich niemals gegeben werden können, — es ist dies nur für concrete Fälle möglich, — so wollen wir ein Beispiel wählen, um zu zeigen, welchen Verlust Bayern z. B. in dieser Beziehung erleidet.

Die produktive Gesammtwaldfläche beträgt dermalen 7.232.165 Tagwerk. Der durchschnittliche Holzertrag sämmtlicher Waldungen — ohne Ausscheidung des Besitzstandes — beträgt an Stamm-, Wellenholz und Stockholz 0.51 Klafter, der Ertrag der Staatswaldungen 0.58 Klafter, Differenz 0.07 Klafter. Der Ertrag der Gemeindewaldungen ist 0.46 Klafter. Differenz zwischen Staat und Gemeinden 0.12 Klafter.

Wenn nun sämmtliche Waldungen nur den Ertrag der Staatswaldungen — welcher ohne Belastung auch bedeutend höher wäre — liefern würden, so wäre der:

Gesammtholzertrag . . . . 4.194.655 Klftr. u. Wellenh.
Der dermalige Holzertrag ist . 3.533.107 " "
```
                          ````````````````````
```
        Daher minus:   661.548 Klftr. u. Wellenh.

Nehmen wir nun auch an, daß nicht blos die Streunutzung, sondern auch sonstige schlechte Wirthschaft, namentlich in den kleinen Privatwaldungen, den Ertrag herab drückt, und wählen deswegen ein anderes Beispiel.
```

Natur und Entstehung der Nutzungsrechte.

Die Gemeinde- und Körperschaftswaldungen, — welche nach der Natur ihres Eigenthümers eigentlich eben so nachhaltig wie die Staatswaldungen bewirthschaftet werden sollten, — umfassen 987.175 Tagwerk produktive Waldfläche und liefern einen Durchschnittsertrag von . . . . 451.496 Klafter.

Gleiche Erträge mit den Staatswaldungen angenommen, würden sie liefern (0.12 mehr, also) . . . . 118.461 = mehr.

Wenn man den dermaligen Ertrag der Staatswaldungen — 1.367.591 Klafter und Wellenholz — welche durchaus nicht normal produziren, nach Ablösung aller Forstrechte nur um 0.10 Klftr. höher annimmt, so würde dies schon 136.759 Klafter betragen. Die Klafter nur zu 6 Fl. netto[1]) veranschlagt, würde eine Mehreinnahme von 821.554 Fl. und circa 36 pCt. zu Nutzholzpreisen — 10 Fl. pro Festmeter — angenommen, wol auch eine Million und mehr ergeben. Diese großen Durchschnittszahlen sind zwar nicht mathematisch zu beweisen, werden aber doch jedem Denkenden die Ueberzeugung beibringen, daß das Waldbodenkapital sehr schlecht bewirthschaftet wird, und daß wir ganz bedeutende volkswirthschaftliche Verluste erleiden. Diese Verluste steigern sich noch dadurch, daß die mannigfaltige, allen Bedürfnissen entsprechende Produktion des rationellen Kulturwaldes in dem degenerirten, belasteten Walde nicht möglich ist. Wenn auch der von der alten Schule gehegte und gepflegte, reine Buchenhochwald den Anforderungen an die höhere Rentabilität der Waldungen weichen muß, so darf doch an dessen Stelle nicht der reine Fichten- oder Kiefernwald treten, sondern es muß ihm der gemengte und gemischte Hochwald mit verschiedenen Altersklassen folgen, in welchem jeder Holzart der ihr

---

[1]) Im Veranschlag für die XII. Finanzperiode ist der Raummeter Brennholz zu 2 Fl. 48 Kr. veranschlagt.

entsprechende Platz angewiesen wird. Wenn zuerst Eichen und Buchen, Eschen und Ahorn, sodann nach und nach Tannen und endlich auch Fichten aus unsern Waldungen verschwinden, wenn wir zuletzt auf wenige Holzarten beschränkt werden und immer mehr Brennholz produziren, so ist der Nachtheil, der daraus entstehen muß, sehr groß, da sich nicht immer eine Holzart durch die andere ersetzen läßt, und gerade der Import der seltenen Holzarten — z. B. Eichen — sich nach und nach verringern muß, da die Vorräthe der wenigen noch exportirenden Landstriche bald erschöpft sein werden. Die Eiche läßt sich zu manchen Zwecken nur schwer oder beinahe gar nicht — z. B. zu Fässern — ersetzen; ebenso ist es mit den übrigen Laubhölzern, und selbst die Nadelhölzer unter sich dienen oft zu ganz verschiedenen Zwecken. Den Rückgang der Waldungen und die volkswirthschaftlich nachtheiligen Veränderungen im innern Zustande derselben verschuldet hauptsächlich die Streuberechtigung; den Nachtheil der unwirthschaftlichen Verzehrung, der Verschwendung, haben alle gemein; doch selbst hier tritt die Streunutzung wieder in den Vordergrund.

Der Usus bei den Streuabgaben an die Berechtigten in den Staatswaldungen — wenigstens der Pfalz — war bisher, daß die Forstverwaltung jährlich bestimmte Abtheilungen für eine Gemeinde zur Nutzung öffnete und den Berechtigten erlaubte, das in diesen Abtheilungen vorhandene Streuwerk an einem oder mehreren Wochentagen zu holen, so daß sich jeder Berechtigte ohne Unterschied des Feld- oder Viehbesitzstandes aneignen konnte, was er wollte. Die natürliche Folge davon war, daß sich jeder Berechtigte so viel Streuwerk als möglich zu verschaffen suchte, einerlei, ob er es bedurfte oder nicht, ob er Raum zur trockenen Aufbewahrung hatte oder nicht, so daß man in den auf Streuwerk berechtigten Ortschaften nicht selten sehen konnte und noch sehen kann, daß Laub und Nadeln ganz frei und unbedeckt im Hofe liegen, wodurch natürlich ein Drittel und manchmal noch mehr schon zu Mist wird,

Natur und Entstehung der Nutzungsrechte.

bevor es zur Einstreu kommt. In vielen, namentlich aber in den dem Weinlande zunächst gelegenen Ortschaften beschäftigt sich ein großer Theil der Berechtigten mit einer Art Mistfabrikation, indem sie mit einer Kuh, einer Ziege oder auch ohne allen Viehstand mit Beihilfe des Abortes und künstlich braun gefärbten Wassers einen oder mehrere Wagen Mist zum Verkaufe zubereiten. Es giebt Ortschaften von 60—100 Haushaltungen, aus welchen pro Jahr 100.—200 Wagen Mist verkauft werden[1]). Aber auch die Art der Mistpflege in allen berechtigten Ortschaften ist eine außerordentlich schlechte, ja liederliche, denn die Jauche — der Düngestoff reichste Theil der Excremente — fließt auf der Gasse herum, und regelrechte, ordentliche Dungstätten oder Jauchebehälter sind beinahe gar nicht zu finden. Ein sehr großes Quantum Laub, Nadeln oder Moos, mit etwas thierischen Excrementen gemischt, auf den Acker zu bringen, hält man in solchen Gegenden für die **zweckmäßigste und wohlfeilste Düngung**. Welche unglaubliche Verschwendung in solchen berechtigten Waldgegenden mit den walderhaltenden Baumabfällen getrieben wird, geht schon daraus hervor, daß nicht selten **Laub, Nadeln und Moos unmittelbar vom Walde auf die Dungstätte gebracht werden**. Aber nicht blos das Herbeischaffen von so großen Quantitäten Waldstreu auf 1, 2, 3 und 4 Stunden Entfernung erfordert großen Aufwand an Menschen- und Thierkräften, sondern später noch einmal die Beförderung auf den Acker. Es ist unmöglich, für solche Berechnungen genaue Zahlen zu geben, wenn aber der Dung- und Streuwerth von 1 Ctr. Waldstreu — im Mittel der häufigsten und gebräuchlichsten Streumaterialien[2]), Laub, Nadeln, Moos — sich zum

---

[1]) Diesem Verkauf eines Waldproduktes konnte bis jetzt nicht gesteuert werden, weil die Gerichte immer freisprechende Urtheile erließen, da es sich um ein Fabrikat handle.

[2]) Gayer Seite 455.

Sechster Abschnitt.

Dungwerthe von 1 Ctr. Stroh verhält wie 1 : 3[1]), so dürfen auch die Gewinnungs- und Transportkosten des Streuwerkes nur ein Drittel und die Transportkosten des aus Waldstreuwerk hergestellten Mistes ebenfalls nur ein Drittel des Strohmistes betragen; die Mehrkosten sind für den Einzelnen und für das Ganze unwirthschaftliche Ausgaben. Wenn also der Centner Stroh am Verbrauchsorte 1 Fl. kostet, so dürfte der Centner Waldstreu daselbst nur ⅓ Fl. kosten, denn er hat schon vor der Einstreu nur ein Drittel Werth, sodann muß ein dreimal so großes Quantum auf den Acker gebracht werden, um gleichen Effekt zu erzielen, was wieder ein Drittel Werth repräsentirt, da z. B. 30 Ctr. Strohmist gleich 90 Ctr. Waldstreumist sind, so muß für diese 90 Ctr. der dreifache Fuhrlohn verausgabt werden. Bei 1 Fl. Strohwerth hätte also das Waldstreuwerk pro Centner nur 20 Kr. Werth, der Mist aber nur ⅙ Fl., also 10 Kr. pro Centner. Wenn ich nun auch zugeben will, daß in manchen Waldgegenden nicht gerade jeder Tag und jede Stunde des Tages von jedem Arbeiter zu bezahlter Arbeit verwendbar ist, so muß doch auch anderseits constatirt werden, daß selbst in Gegenden, in welchen Fabriken zu jeder Zeit Beschäftigung gewähren, die Nachfrage nach Arbeitern groß ist und die Löhne in Folge dessen sehr hoch stehen — im Mittel 3—4 Mark pro Mann, 1—1½ Mark pro Mädchen — die Ueberschätzung des Waldstreuwerthes und der Wahn von seiner Unentbehrlichkeit so groß ist, daß sehr oft jede Arbeit im Stiche gelassen wird, um Streuwerk zu holen. Wenn im Herbst die neuen Streuflächen zur Nutzung geöffnet werden, so verlassen die Arbeiter die Fabriken und jede andere Arbeit und laufen dem Streuwerk nach; die Ernte der Kartoffeln steht still und Taglöhner sind selbst

---

[1]) Die Landwirthe und Chemiker geben den Werth der Waldstreu sehr verschieden an: Thär, Zierl und Veit geben keine Zahlen, Pabst, Kraus von einem Fünftel bis zu drei Fünfteln Strohwerth.

Natur und Entstehung der Nutzungsrechte.

um höhere Löhne nicht mehr zu bekommen, denn die Sucht, schnell so viel Streuwerk als möglich nach Hause zu schaffen, beherrscht nicht blos den armen Taglöhner, sondern Alt und Jung, Mann und Weib, Reich und Arm ist davon angesteckt; ähnlich ist es wieder im Frühjahr.

Daß das Streuwerk auf dem Wege der Berechtigung oder Begünstigung geholt werden darf, also vermeintlich nichts kostet, ist die Haupttriebfeder dieser planlosen Wirthschaft.

Ein anderer sehr bedeutender volkswirthschaftlicher Nachtheil, der in seinen Consequenzen noch lange nicht genug gewürdigt wird, ist der extensive Betrieb der Landwirthschaft in allen Gegenden, wo Berechtigungen auf Waldstreuwerk existiren, und wo also dasselbe das beinahe ausschließliche Düngemittel liefert. Von dieser Wirthschaft kann sich nur der einen Begriff machen, der längere Zeit in solchen Gegenden gelebt und gewirkt hat.

Von dem Fundamente der Landwirthschaft, der Düngerlehre, hat man in solchen Gegenden absolut keinen Begriff. Man weiß nicht, wie und auf welche Weise der Dünger wirken soll, welches seine physikalischen und chemischen Wirkungen und welche Nährmittel für den Bau dieses oder jenes Gewächses nothwendig sind. Vom Fruchtwechsel hat man theils keinen Begriff, theils sind die einem Besitzer gehörenden Grundstücke so klein, daß er nicht gut wechseln kann. Kleebau ist großentheils nicht mehr möglich, weil die schon von Natur aus armen Felder durch die schon Jahrhunderte dauernde schlechte Düngung mit Waldstreu gänzlich erschöpft sind. Die Bodenbearbeitung mit einem sehr primitiven Pfluge ist in der Regel schlecht und oberflächlich, wird auch in vielen Gegenden, selbst auf Feldern, wo der Pflug gehen könnte, nur von weiblichen Arbeitern mit der Hacke den Berg abwärts ausgeführt, so daß sich die Felder nach und nach von oben nach unten abbauen. Die immer wiederkehrende Düngung mit Waldstreu ruft auch einen bedeutenden Unkräuterwuchs hervor, so daß entweder großer Ar=

beitsaufwand zur Reinigung der Felder nothwendig ist oder der Ertrag beeinträchtigt wird.

Das Stroh, was in solchen Gegenden gebaut wird, kommt nicht einmal den Aeckern zu gut, sondern wird größtentheils verkauft oder als Futter verwendet; künstliche Dünger werden nicht angeschafft; die Asche wird entweder ebenfalls verkauft oder mit den übrigen düngenden Abfällen wenig beachtet und unrichtig angewendet. Der Wald soll einfach Alles liefern.

Gegen diese Mißwirthschaft, gegen diesen Schlendrian konnte bis jetzt mit Belehrung durch Wort und Schrift nichts ausgerichtet werden und wird auch später so lange nichts erreicht werden, als bis der unentgeltliche Bezug von Streuwerk aufhört, da jeder Berechtigte glaubt, je mehr er dergleichen Streuwerk aus dem Walde nach Hause schafft, desto größer sei sein Gewinn.

Wenn die Streuberechtigung eine zweifache Verschwendung in sich schließt, indem erstens der natürliche Dungstoff und die Schutzdecke des Waldes unwirthschaftlich — sie würde im Walde weit höhere Werthe erzeugen — vergeudet wird, und zweitens die Düngung der Felder mit diesem im Verhältniß seines Dungwerthes voluminösen und schwer transportabelsten Dungsurrogate nur schlecht und mit dem vielfachen Kraftaufwande erfolgen kann, so hindert sie die Blüthe von zwei der wichtigsten Einzelwirthschaften im Volkshaushalte: der Land- und der Forstwirthschaft; also unbedingte Ablösung[1]).

---

[1]) v. Berg sagt hierüber S. 229: „Im Allgemeinen muß man als Grundsatz aufstellen, daß die Waldstreubenutzung als Recht abgelöst werden muß, denn in den meisten Fällen ist der forstliche Nachtheil größer als der landwirthschaftliche Vortheil." S. 230: „Uebrigens aber liegt es wahrlich im Interesse beider Gewerbe, die Streugerechtsame abzulösen, denn die Erfahrung hat unwiderleglich gezeigt, daß dann der Zwang der Noth den landwirthschaftlichen Verbesserun-

Natur und Entstehung der Nutzungsrechte.

2. Das Waldweiderecht ist für den rationellen wirthschaftlichen Betrieb viel hinderlicher, als gewöhnlich angenommen wird, und muß namentlich den neuern Wirthschaftsformen, welche

---

gen bald Eingang verschaffte, zum Vortheile der Landwirthe selbst." — Dr. Pfeil ist zwar nicht für unbedingte Ablösung, hält jedoch „das Streurecht für das allerverderblichste Servitut und will es so eingeschränkt wissen, daß die Holzerzeugung und die Fruchtbarkeit des Waldbodens nicht vermindert wird." Da jedoch über das Maß dieser Einschränkung stets Streitigkeiten zwischen Belasteten und Berechtigten — Einschränkung und Ausdehnung stehen sich stets entgegen — entstehen werden, so ist Ablösung nothwendig. Wenn Streuwerk als Ausnahme abgegeben werden kann oder muß — wirkliche Nothjahre — so wird die Forstverwaltung dies auch nach der Ablösung thun und überhaupt die unschädlichen Formen der Streunutzung — Pfriemen, Schilf rc. — Armen überlassen; der Verkauf oder die Abgaben um geringe Taxen an die ärmere Klasse wird aber auch der doppelten Verschwendung vorbeugen. Diesen Weg hat die bayerische Staatsforstverwaltung schon bisher überall eingeschlagen, wo keine Berechtigungen existiren. — Dr. Albert sagt S. 132: „Nachdem die Ausübung des Rechtsreurechtes jedenfalls die Holzproduktion beeinträchtigt und den Aufschwung der Landwirthschaft hindert, in der Regel aber sogar mit der Devastation des Waldes auch die völlige Erschöpfung des Agrikulturbodens zur Folge hat, so erscheint dieses Recht bei mehr entwickelter Kultur eines Volkes, wo an den bereits mehr oder weniger beraubten Feld- und Waldboden immer mehr steigende Anforderungen gestellt werden, als eine große volkswirthschaftliche Kalamität, deren Beseitigung aus volkswirthschaftlichen Gründen in der Regel nur allmälig wird erfolgen dürfen." Diese allmälige Ablösung scheint bedenklich, denn sie verlängert nur zum Nachtheil beider Wirthschaften den krankhaften Zustand; die Eiterbeule ist längst zeitig, also das Messer. Für den Uebergang kann man Bestimmungen treffen, wie sie das neue württembergische Forstrechtsablösungs-Gesetz hat; darüber später mehr. — Es ist keine forstliche Frage in der Literatur so vielseitig und so wiederholt behandelt worden, wie die Streufrage; die neuern Schriften in dieser Beziehung sind: C. Fischbach, Oberforstrath, Die Beseitigung der Waldstreunutzung, Frankfurt, bei Sauerländer; Dr. H. Hanstein, Ueber die Bedeutung der Waldstreu für den Wald, Richter in Darmstadt 1863; L. Heiß, Die Waldstreufrage, Neustadt, Witter's Buch-

mit dem Unterbau von Schattenholzarten unter Lichtholzarten beginnen und mit dem gemengten Samenwalde von verschiedenen Altersklassen endigen, unübersteigliche Schranken setzen. Auch Mittel- und Niederwaldbetrieb, namentlich mit niederm Umtriebe, können Weidenutzung kaum vertragen. Den Uebergang von einem Betriebssysteme zu einem andern hindert diese Berechtigung also vollständig. Diese Berechtigung hat sehr viel dazu beigetragen, daß man den Fehmel- und Plänterbetrieb verließ und eine regelrechte, schlagweise Bewirthschaftung einführte, denn wo alle Altersklassen im Walde zerstreut durcheinander stehen, muß die Weide ganz ungewöhnlich schädlich wirken. Die schrankenlose Waldweide hat schon so manche Oedung verursacht, ja ganze Berge und Höhenzüge — Karst, Landes in Südfrankreich — kahl gemacht; auch in unsern Alpen hat sie viel auf dem Gewissen, ebenso hat sie in unsern Waldungen das bodenschützende Unterholz — z. B. Buchenstockausschläge unter Kiefern — überall vertilgt und dadurch einen Schaden verursacht, der in der Regel viel zu wenig gewürdigt wird. Die gesetzliche Bestimmung, daß die jungen Waldungen dem Vieheintriebe nicht früher geöffnet werden müssen, als bis sie dem „Maule des Viehes entwachsen sind," schützt allerdings für gewöhnliche Fälle; wollte aber der Eigenthümer z. B. seine Stangenhölzer nach und nach unterpflanzen und sodann dem Weidestrich schließen, so würde der Berechtigte über diese offenbare Schmälerung seines Rechtes klagen und der Eigenthümer, den man allerdings in der Bewirthschaftung seines Waldes nicht hindern kann, zum Schadensersatz verurtheilt werden.

---

handlung, 1866; Dr. W. Vonhausen, Die Raubwirthschaft in den Waldungen, Sauerländer's Verlag, 1867; E. Ney, Die natürliche Bestimmung des Waldes und die Streunutzung, Dürkheim 1869; Dr. Fr. Baur, Der Wald und seine Bodendecke, ein populär-wissenschaftlicher Vortrag, Stuttgart, bei Schweizerbart, 1869. Auch Dr. Conzen, Der Einfluß des Waldes, Vortrag im Leipziger polytechn. Verein, hat ein lesenswerthes Kapitel, Leipzig 1868.

Natur und Entstehung der Nutzungsrechte.

Wenn nun diese Berechtigung einerseits mit einer intensiven Waldwirthschaft nicht verträglich ist, so ist dieselbe anderseits volkswirthschaftlich noch mehr nachtheilig, da sie den Aufschwung der Landwirthschaft hindert. Die berechtigte extensive Weide- und Milchwirthschaft der Alpen ausgenommen, wird es nur sehr wenige Gegenden geben, wo nicht durch vermehrten Kleebau, durch Bewässerung, Düngung und Verbesserung der Wiesen ꝛc. so viel Futter gewonnen werden kann — auch die Gräserei im Walde mag unter Umständen zugegeben werden und aushelfen — als zur Stallfütterung nothwendig ist. Wenn man bedenkt, daß unsere geschlossenen mittlern und ältern Hochwaldbestände nur sehr wenig Futter produziren und daß das Milchvieh die Milch verträgt und den Dung verschleppt, so kann man oft nicht begreifen, daß die Weide überhaupt ausgeübt wird. Wenn gegen die Ablösung dieses Rechtes geltend gemacht wird, daß mancher arme Mann ohne Waldweide keine Kuh halten könnte, so muß entgegnet werden, daß bei so entschieden hervortretenden Nachtheilen im Großen zweifelhafte kleine Vortheile nicht in Betracht gezogen werden dürfen; auch würde durch intensivere Düngung — Excremente und nicht reines Laub — und dadurch ermöglichten Kleebau, Stallfütterung ꝛc. bei geringerem Viehstande mehr Milch als bisher produzirt. Die armen Waldbewohner unterstützt man besser durch die Erlaubniß zur Waldgräserei, welche auf Wegen, Abtheilungslinien, zwischen regelmäßigen Pflanzungen ꝛc. unschädlich ausgeübt werden kann; nur muß auch hier die Forstverwaltung freie Hand haben, was bei Berechtigungen nicht der Fall ist[1]).

---

[1]) Hundeshagen hat sowol in seiner Schrift: „Ueber Waldweide und Waldstreu," als auch in seiner „Encyclopädie der Forstwissenschaft" die Waldweide sehr in Schutz genommen, jedoch darf nicht vergessen werden, daß die wirthschaftlichen Verhältnisse damals — vor 40 und 50 Jahren — ganz andere waren; auch soll nicht bestritten werden, daß es Gegenden gibt, wo die Ausübung der Waldweide größere volkswirthschaftliche Vor-

Sechster Abschnitt.

3. Das **Gräsereirecht**, d. h. das Recht, das im Walde vorkommende Gras ausrupfen oder abschneiden zu dürfen, ist allerdings unschädlich, wenn alle Waldorte von dieser Nutzung ausgeschlossen werden können, wo es schädlich sein

---

theile als der Wald Schaden hat; für diese wenigen Fälle müssen eben Ausnahmsbestimmungen getroffen werden. Ebenso kann der Eintrieb von Schweinen unter Umständen nützlicher als schädlicher sein; aber darüber muß die Forstverwaltung entscheiden können; es muß also eine gestattete Nutzung und keine Berechtigung sein. — v. Berg nimmt die Waldweide unter gewissen Verhältnissen und Bedingungen ebenfalls in Schutz, verlangt aber „sichernde gesetzliche Vorschriften, dem jedesmaligen Forstbetriebe und den örtlichen Verhältnissen entsprechend erlassen." Gerade der Umstand aber, daß die Weide nur dann unschädlich ausgeübt werden kann, wenn dem Wirthschaftsbetriebe und den lokalen Verhältnissen entsprechende sichernde Bestimmungen getroffen werden, spricht für Ablösung, da ein Gesetz dergleichen spezielle Bestimmungen nie enthalten kann. — Auch Pfeil macht geltend, daß die Waldweide bald ganz vernichtend für den Wald werden, bald unschädlich ausgeübt werden, bald volkswirthschaftlich nachtheilig, bald nützlich sein kann; daß sie in einzelnen Fällen ablösbar sein muß, hält er für nicht bestreitbar. — Albert meint, „daß die Waldweide unter gewissen Umständen so geregelt werden kann, daß die Erziehung regelmäßiger Bestände ermöglicht ist." Längere Wirksamkeit in der Praxis und in belasteten Revieren berichtigt sowol dergleichen Ansichten, sowie auch solche über die Unschädlichkeit der Weidenutzung, denn wenn es S. 130 seines Lehrbuches heißt: „Das Weiderecht, welches unter allen Umständen waldunschädlich ausgeübt werden kann," so steht dies doch mit den Thatsachen, welche in jedem mit dem Weiderecht belasteten Walde beobachtet werden können, in offenbarem Widerspruche. Auffallend ist, daß sämmtliche Schriftsteller es nicht hoch anschlagen, daß der Eigenthümer gerade durch die Weidenutzung vollständig gehindert ist — will er Entschädigungsklagen vorbeugen — von einer Betriebsart zur andern überzugehen. Da man nun aber annehmen muß, daß er in seinem eigenen Interesse immer zu einer intensivern, einträglichern Betriebsart übergeht, so ist dies doch auch ein nicht unbedeutender volkswirthschaftlicher Nachtheil.

Natur und Entstehung der Nutzungsrechte. 79

kann. Da dies aber einem Berechtigten gegenüber nicht geschehen kann, ohne daß er sich sofort in seinem Rechte beeinträchtigt glaubt und klagend auftritt, so ist die Ablösung auch dieses Rechtes nothwendig. Das Ausgrasen einer Kiefernstreifensaat oder Pflanzung kann z. B. unschädlich geschehen, wenn die jungen Triebe dem Verholzen nahe oder verholzt sind; es kann aber sehr schädlich werden, wenn dies zeitig im Frühjahre geschieht, wo dieselben noch zart sind und bei der geringsten Berührung abbrechen. Das Interesse des Belasteten und Berechtigten stehen sich hier vollständig gegenüber, denn der erste will das Gras erst holen lassen, wenn es schon hart ist, der zweite aber wenn es noch zart ist; also Streit.

Daß die Grasnutzung aus den Waldungen in Gebirgsgegenden mit beschränktem Ackerbau und wenig Wiesen von nicht unwesentlicher volkswirthschaftlicher Bedeutung sein kann, soll nicht bestritten werden, denn die Viehhaltung ist in solchen Gegenden nicht selten an diese Nutzung gebunden. Diese Bedeutung ist aber durchaus kein Hinderniß für die Ablösung, denn warum sollte die Forstverwaltung nicht auch nach derselben die Grasnutzung überall dort gestatten, wo sie unschädlich ausgeübt werden kann? Wird diese Nutzung doch auch jetzt schon, und häufig sogar unentgeltlich, in den Staatswaldungen zugegeben, wo keine Berechtigung dazu zwingt. Der Staat und die Forstverwaltung haben sicherlich ein Interesse daran, den Wohlstand solcher Gebirgsgegenden, welche auch das so nothwendige Arbeiterkontingent liefern, zu heben und zu fördern. Der Einwurf, daß es thöricht wäre, ein Recht mit Geld abzulösen und dann die Nutzung doch im Wege der Begünstigung zuzulassen, soll später widerlegt werden[1].

---

[1] Die Motive zu dem württembergischen Gesetzentwurfe über Ablösung der Waldweide-, Waldgräserei- und Waldstreurechte besagen: „Die Berücksichtigung nicht blos der Waldweide-, sondern auch der Gräserei- und Streurechte erscheint sodann auch deshalb vollkommen angezeigt, weil sämmtliche drei Arten von Waldnutzungen unter sich und

Bei der Frage der Dringlichkeit oder Nothwendigkeit der Ablösung der Holzrechte ist es nicht blos zweckmäßig, sondern nothwendig, eine Trennung in unfixirte und fixirte vorzunehmen, da die erstern ganz anderer Natur sind wie die letztern.

Die unfixirten — ungemessenen — also weder nach Qualität, noch nach Quantität normirten Holzbezugsrechte sind sehr verschiedenartig, alle aber mehr oder minder hinderlich in der Bewirthschaftung und Gewinnung des höchsten Wald- und Reinertrages. Zu diesem volkswirthschaftlichen Nachtheile gesellt sich noch der andere, daß sie beinahe alle zu unwirthschaftlicher Verzehrung, zu Verschwendung Veranlassung geben.

Die preußische Gemeintheilungsordnung vom 7. Juni 1821 spricht als Grundsatz aus, daß die Grundgerechtigkeiten in Waldungen nur dann ablösbar sein sollen, wenn dadurch die Bodenkultur im Allgemeinen befördert wird.

Daß ungemessene Holzbezugsrechte einer intensiven Forstwirthschaft, also Förderung der Bodenkultur, beinahe immer hinderlich sind, dürfte nicht bestritten werden können; also Ablösung nothwendig sein. Wie weit diese Behinderung geht, wollen wir nun an den einzelnen Servituten untersuchen, freilich dem Zwecke dieser Schrift entsprechend möglichst kurz; die hinderlichsten Servitute

---

nach ihrer Wirkung auf die Holzerzeugung in engem Zusammenhange stehen. Die Beschränkung oder Aufgebung der einen dieser Nutzungen hat ein Bedürfniß nach Erweiterung der andern zur Folge, die Weide und Gräserei dienen zur Vermehrung der Futterstoffe, die Waldstreu aber zur Vermehrung der Streumittel für die landwirthschaftliche Rindvieh-, Pferde- und Schafhaltung. Je mehr Futter vorhanden ist, um so eher kann das erzeugte Stroh zur Einstreu verwendet werden; je mehr es dagegen an Futterstoffen fehlt, in um so größerer Ausdehnung muß das Stroherzeugniß zur Fütterung aushelfen und um so mehr steigt in diesem Falle die Nachfrage nach Waldstreu. Aus dieser Wechselwirkung ergiebt sich, daß die genannten drei Arten von Nutzungsrechten bei der Ablösung nicht getrennt werden können.

Natur und Entstehung der Nutzungsrechte.

sollen zwar vorangestellt, gleichartige jedoch möglichst zusammen behandelt werden.

1. Das Recht des Bezugs des ungemessenen Bedarfs an Bau-, Nutz- oder Brennholz ist zwar begrenzt durch das Bedürfniß des herrschenden Gutes[1]), da jedoch Bedürfniß und Bedarf sehr relative, dehnbare und auch mit der Zeit wechselnde Begriffe sind, so ist auch die Begrenzung eine sehr schwere.

Wirthschaftlich hinderlich kann das Recht auf Bau- und Nutzholz dadurch werden, daß es die Umwandlung von Hoch- in Niederwald, den Wechsel der Holzarten 2c. hindert, denn nicht selten sind sowol bei einer Berechtigung auf Bau-, wie auf Brennholz die Holzarten benannt, welche verabfolgt werden müssen. Ist eine bestimmte Gemeinde berechtigt, so kann dieses Recht beim Wachsen der Bevölkerung sehr drückend werden.

Von größerer Bedeutung ist wol noch der volkswirthschaftliche Nachtheil der unproductiven Consumtion, der namentlich bei der Brennholzberechtigung — das Bedürfniß an Bauholz läßt sich leichter feststellen — immer bedeutend sein wird[2]). Gegen eine Fixation, anstatt der Ablösung in Geld, spricht nur der Umstand, daß der Berechtigte bei sinkendem Geldwerthe später nicht mehr die-

---

[1]) Dr. S. C. Roth Handbuch des Forstrechts 2c. München 1863 Seite 279.

[2]) Rau hält bei der richtigen Begrenzung eine Ablösung nicht für dringend und einen Zwang gegen die Berechtigten für bedenklich. Von Berg hält ebenfalls nur eine Umwandlung in einen gemessenen Holzbezug für nothwendig. Pfeil Seite 18: „das Recht, den vollen Bedarf an Bau-, Nutz- und Brennholz an eingeschlagenem Holze fordern zu können, ist ebenfalls für den Belasteten, wie für den Staat, zu nachtheilig, um es bestehen zu lassen, daß das, was der Berechtigte als Bedarf ansieht, unbeschränkt auf Grund desselben von ihm verlangt werden kann 2c." — Nachdem Pfeil die jederzeitige Fixation für nothwendig erklärt hat, heißt es am Schlusse: „Eine gänzliche Aufhebung gegen Entschädigung wird aber stets vorzuziehen sein."

selbe Summe von Bedürfnissen befriedigen kann; für die Ablösung spricht die Thatsache, daß der Eigenthümer auch nach der Fixation in der ganz freien Bewirthschaftung gehindert ist.

2. Wieder anderer Natur sind die **Beholzigungsrechte**, welche **nicht den Bedarf des Berechtigten zur Grenze haben**, sondern sich auf den ganzen Anfall einer oder mehrerer bestimmter Holzarten, eines bestimmten Sortimentes ꝛc. im Berechtigungsbezirke beziehen. Dazu gehört:

a) **Das Recht auf eine oder mehrere Holzgattungen.** Obwol sich dieses Recht gewöhnlich — nicht immer — nur auf den Bezug von Weichholz, Unholz ꝛc. erstreckt, so ist es doch nicht blos äußerst lästig für den Besitzer, sondern hindert geradezu jeden wirthschaftlichen Fortschritt, jede rationelle Wirthschaft; abgesehen davon, daß es zu fortwährenden Reibereien und Prozessen Veranlassung gibt, da nicht einmal die Begriffe von Weich- und Unholz feststehen, denn Birken, Erlen z. B. werden bald zum Weich-, bald zum Hartholze gezählt. — Dieses Recht hindert den Waldeigenthümer durch die wirthschaftlich so nothwendigen Läuterungs- und Durchforstungshiebe die dem Berechtigten zustehenden Holzarten zu jeder Zeit zu hauen. Die Läuterungs- und Durchforstungshiebe sind aber wesentlich **wirthschaftliche Manipulationen**, welche den Zweck haben, die minder werthvollen, nicht ausdauernden Holzarten — Weiden, Aspen, Birken ꝛc. — dann auszuhauen, wenn sie die werthvollern Laub- oder Nadelhölzer im Wuchse zu beinträchtigen und zu unterdrücken drohen; eine Berechtigung auf diese Holzarten hindert also vollständig die Herstellung von finanziell und volkswirthschaftlich werthvollen Beständen, da der Berechtigte diese Holzarten nicht hauen wird, wenn es forstpfleglich nothwendig ist, sondern wenn sie für ihn den höchsten Werth haben[1]).

---

[1]) Das preuß. Landrecht I. Th. § 231 ff. bestimmt, daß dieses Recht aufhört, wenn die bestimmte Holzart nicht mehr vorhanden ist, dagegen

Natur und Entstehung der Nutzungsrechte.

b) Das Recht, auf stehendes dürres Holz — abgestorbene, trockene Bäume — ist in mancher Beziehung noch belästigender und einer rationellen Wirthschaft hinderlicher als das vorhergehende, auch muß es naturgemäß zu ewigen Differenzen und Prozessen Veranlassung geben. Der Berechtigte wird Stämme für abgestorben erklären, die es nach der Ansicht des Belasteten noch nicht sind, der Belastete wird durch oft wiederholte Durchforstungen das unterdrückte Holz zu benutzen suchen bevor es abstirbt; der Berechtigte wird diese Hiebe für unzulässig erklären, weil sie seiner Berechtigung Eintrag thun, und wird durch Anhauen, Schälen, Ringeln ꝛc. möglichst viele Stangen und Stämme zum Absterben zu bringen suchen. Dieses Recht hat noch überall und muß immer zur allmäligen Verlichtung der Bestände führen, und erschwert und vertheuert also den Forstschutz sehr. Natürlich wird der Berechtigte sich auch keiner großen Sparsamkeit befleißigen, sondern mit dem nichts kostenden Holze verschwenderisch umgehen; wol auch, wenn

---

kann der Waldeigenthümer zur Wiederanpflanzung angehalten werden, und wenn er die Schuld am Verschwinden derselben trägt, ist er sogar verpflichtet, den Berechtigten so lange durch anderes Holz zu entschädigen, bis die bestimmte Holzart wieder nachgewachsen; nach § 239 hat der Waldeigenthümer aber auch das Recht, zu verlangen, daß ein mit der rechtmäßigen Benutzung im Verhältniß stehendes Holzdeputat festgesetzt werde. — Ueber die Unverträglichkeit dieses Rechtes mit jeder rationellen Forstwirthschaft, sowie über die volkswirthschaftlichen Nachtheile sind alle schon citirten Schriftsteller so einig, daß sie unbedingte Ablösung verlangen; nur Albert hat auch hier eigenthümliche wirth- und volkswirthschaftliche Ansichten, wie z. B. Seite 158: „das Recht sowie die Berechtigung auf eine bestimmte Holzart braucht nicht abgelöst zu werden, da bei dem Uebergange zu einer werthvolleren Holz- und Betriebsart die nöthigenfalls zu erzwingende Fixirung und Umwandlung des bisherigen Holzbezuges des Berechtigten in ein äquivalentes, den künftigen Bestandsverhältnissen entsprechendes Bezugsquantum dem Interesse aller Betheiligten vollkommen Rechnung trägt.

er nur auf Brennholz berechtigt ist, werthvolle Nutzholzstämme zur Feuerung verwenden[1]).

c) Das Recht auf Schnee-, Eis- oder Windbruch, dann auf Windfallholz, begreift das durch die genannten Naturereignisse gebrochene und zu Boden gefallene oder geworfene Holz. Obwol man glauben sollte, daß dieses Recht fest begrenzt sei, so ist dem doch nicht so, denn es kann der Fall vorkommen, und hat sich schon ereignet, daß mehrere der genannten Naturereignisse zusammengewirkt haben, so daß nicht entschieden werden kann, welches Ereigniß das Holz zu Boden gebracht hat; auch können die genannten schädlichen Ereignisse ganze Bestände — denken wir nur an den Eisdruck vom Jahre 1858 und die Stürme von 1870 — zu Boden werfen, in welchem Falle die Rechtsfrage entsteht, wem dieses Holz gehört. Die Untersuchung derselben gehört nicht hierher, wol aber ist daraus zu ersehen, daß auch dieses Recht zu Streitigkeiten und Prozessen Veranlassung geben kann und schon gegeben hat. Volkswirthschaftlich nachtheilig ist dieses Recht deßwegen, weil der Berechtigte bei starkem Anfalle oft auf viele Jahre Holz erhält, und dann entweder verschwendet, oder das Holz verderben läßt[2]).

d) das Recht auf Raff- und Leseholz begreift stricte ausgelegt nur die Befugniß in sich, das am Boden liegende dürre Gehölz, Zapfen, wol auch Hauspäne sammeln zu dürfen; zeit- und ortweise ist dieses Recht wol auch auf das Abbrechen stärkerer Aeste, und auf den liegen gebliebenen Schlagabraum ausgedehnt

---

[1]) Auch über die Nothwendigkeit der Ablösung dieses Rechtes sind die citirten Schriftsteller einig; Albert macht auch hier eine Ausnahme.

[2]) v. Berg und Pfeil erklären die Ablösung dieses Rechtes für durchaus nothwendig, während Albert S. 158 sagt: „Noch weniger ist es im Interesse des Staats gelegen, die Ablösung der Ast- und Oberholzgerechtsamen, des Rechtes auf Schnee- Duft- und Windbruchholz, des Lager- Lese- und Stockholzrechtes zu erzwingen, da eine solche Zwangsablösung in der Regel dem Waldeigenthümer, dem Berechtigten und dem öffentlichen Wohl gleich nachtheilig werden würde."

worden. Innerhalb der gesetzlichen Grenzen ausgeübt ist dieses Recht sicherlich nicht hinderlich in der Waldwirthschaft, wird es jedoch, sobald der Berechtigte bei eingebildetem oder wirklichem Mangel an Raff= und Leseholz seine Nutzung auszudehnen sucht, und vom Eigenthümer daran verhindert klagend auftritt, weil ihm durch die neueren Wirthschaftsmanipulationen — Läuterungs= und Durchforstungshiebe — sein Bezug geschmälert wird. Wenn dann in Folge von gerichtlichen Urtheilen, — welche dem Eigenthümer aller= dings die genannten Hiebe nicht verbieten, ihn aber schadensersatz= pflichtig machen, wenn der Berechtigte durch dieselben Nachtheile hat, — der Eigenthümer diese Hiebe unterlassen muß, so entstehen sicherlich wirthschaftliche Nachtheile und Reibereien. Wenn die Ver= theidiger dieser Nutzung immer so sehr hervorheben, daß durch die= selbe Brennmaterial gewonnen werde, was sonst nutzlos — ganz nutzlos niemals — im Walde verloren ginge, so darf nicht über= sehen werden, daß die Gewinnung dieses geringsten Brennmaterials sehr viel Zeit und Arbeitskraft in Anspruch nimmt, und also volks= wirthschaftlich nur dann von Vortheil ist, wenn das Sammeln von Leuten geschieht, welche noch nicht oder nicht mehr — Kinder, alte Leute — verdienen können. Bei den dermaligen Arbeitslöhnen aber kommt es auch nicht selten vor, daß die Arbeiter den Taglohn im Stiche lassen und eine Last Holz holen, welche weit weniger Werth hat als der Lohn, welchen sie während dieser Zeit verdient hätten. Eine Ablösung dieses Rechtes mag nicht immer und überall räthlich und geboten sein, jedenfalls aber sollte dem Eigenthümer die Mög= lichkeit gegeben werden, seinen Wald gänzlich zu befreien[1]).

e) Das Recht auf Lagerholz erstreckt sich auf vor Alter umgefallene Bäume, und wird also die Ausübung nur selten mehr d. h. nur in ganz abgelegenen, unzugänglichen Waldungen vor= kommen, wo es nach und nach auch aufhören wird. Die rechtliche

---

[1]) v. Berg und Pfeil sind gegen Ablösung.

Seite der Frage, ob der Waldeigenthümer den Berechtigten beim Aufhören entschädigen muß, kann hier unerörtert bleiben.

f) Das Recht auf Stockholz — wol auch „Stumpen" genannt — d. h. die Befugniß, die bei der Fällung oder nach einem Windwurf im Boden gebliebenen Stöcke ausgraben zu dürfen, kann unter Umständen recht hinderlich in der Wirthschaft sein; den Uebergang vom Hoch- in den Mittel- und Niederwald hindert es natürlich ganz. Wenn man nach der Fällung sogleich zur Anpflanzung oder Ansaat schreiten will, so wird man in der Regel bei den Berechtigten auf Hindernisse stoßen, weil ihnen dann keine Zeit zum Graben der Stöcke übrig bleiben würde; muß die Kultur aber verschoben werden, so geht eben immer ein einjähriger Zuwachs verloren. Bei den dermaligen Arbeitslöhnen gibt es nicht viele Gegenden mehr, wo der Erlös aus dem verkauften Stockholze die Gewinnungskosten — welche immer ziemlich hoch sind — viel übersteigt, daher auch das Stockholz von dem Berechtigten häufig nicht benutzt wird. Die Ablösung sollte wenigstens möglich sein.

g) Das Recht auf den Abraum, Afterschlag schließt die Befugniß in sich, das schwache Astholz — Reisig — welches in den Holzhieben anfällt zu sammeln. Wenn — wie es in der Regel der Fall — die Stärke angegeben ist — z. B. 1 oder 2 Zoll — bis zu welcher der Berechtigte das Holz beziehen darf, so ist dieses Recht natürlich in jeder Beziehung unschädlich. Doch sollte die Möglichkeit der Ablösung auch hier gegeben sein.

Ein nicht seltenes Recht ist noch das „Mastrecht," d. h. die Befugniß, die abgefallenen Eicheln und Bucheln, durch Schweineeintrieb zur Mästung benutzen zu dürfen. Dieses Recht schließt manchmal noch verschiedene andere kleinere Rechte z. B. Tränkerecht in sich, hat aber schon seit längerer Zeit bedeutend an Werth verloren, obwol es in früheren Zeiten vielleicht das werthvollste Recht war. Da es der Bewirthschaftung unter Umständen hinderlich werden kann, so wäre eine Ablösung um so räthlicher, als der manchmal sehr nützliche Schweineeintrieb später gegen Pachtgeld gestattet werden kann.

Die übrigen noch vorkommenden Berechtigungen, wie z. B. das Recht zum Harzscharren, Theerschwelen, Schneidelrecht u. s. w., sind in Bayern entweder nicht vorhanden, oder sehr selten. Ihre Ablösung ist sicherlich um so mehr geboten als sie der Wirthschaft hinderlich sind. Sollte die Gewinnung von dergleichen Produkten vortheilhaft und nothwendig sein, so kann dies von Seite des Waldeigenthümers viel zweckmäßiger geschehen.

Siebenter Abschnitt.
Der Wald und seine außerforstliche Bedeutung.

Man hat schon in früheren Zeiten gefühlt und nach und nach erkannt, daß der Wald nicht blos um seiner Produkte willen, die übrigens damals bei dem Mangel von Steinkohlen und Eisen auch schon von höchster Wichtigkeit waren, da sein müsse, sondern daß er auch noch andere, höhere Zwecke zu erfüllen habe.

Obwol diese höhern Zwecke des Waldes ein sehr dankbares, aber auch viel ausgebeutetes Thema sind, so soll sich doch hier auf das beschränkt werden, was zum Aufbau der spätern Abschnitte nothwendig ist. Der Zweck dieser Schrift:

> auf Ablösung der Forstberechtigungen;
> auf bessere Bewirthschaftung der Gemeinde=
> waldungen;
> auf Erlaß eines Waldschutzgesetzes, und
> auf Bildung von Waldgenossenschaften hinzu=
> wirken,

verlangt nur die Hervorhebung der Momente, welche in Beziehung zu diesen Gesetzen stehen.

Die außerforstliche Bedeutung des Waldes ist größtentheils allgemeiner und nur selten lokaler Natur; es wird daher gerecht= fertigt sein vom Allgemeinen zum Speziellen herabzusteigen.

Der Wald und seine außerforstliche Bedeutung. 89

1. Der Einfluß des Waldes auf die Temperatur und Zusammensetzung der Luft, und also mittelbar auf die Vegetationsverhältnisse, das Klima und die Gesundheit eines Landes ist im Allgemeinen sehr bekannt und spricht sich häufig schon in den gewöhnlichen Redensarten aus; er liegt auch so klar vor Jedermanns Augen, und die Lungenflügel jedes Einzelnen spüren ihn so deutlich, daß man darüber nur in einem populären Vortrag noch sprechen kann.

Hier soll es sich nur darum handeln, das wissenschaftlich begründete Neue und die Hauptmomente hervorzuheben.

Wenn die Temperatur der Luft im Walde geringer ist, als auf dem freien Felde — „im kühlen Waldesschatten" — so beruht dies darauf, daß das dichte grüne Blätter- oder Nadeldach die Sonnenstrahlen nicht direct auf den Boden fallen läßt, und daß die Luft viel mehr von der Erde aus — Rückstrahlung, Leitung — als von den Sonnenstrahlen durchwärmt wird.

Nach den Beobachtungen von Dr. Ebermayer[1]) — Resultate der forstlichen Versuchsstationen in Bayern — ist die mittlere Jahrestemperatur der Luft in den Wäldern etwas geringer, als auf einer nicht bewaldeten Fläche in gleicher Lage; als Mittel aus sämmtlichen Beobachtungen hat sich eine Differenz von 0,78 Grad ergeben; jedoch ist die Wirkung nach der Lage (Breiten- und Höhenlage, örtliche Lage) verschieden. Procentisch ausgedrückt war die jährliche Mitteltemperatur der Waldluft im allgemeinen Durchschnitte um 10 pCt. geringer, als die einer nicht bewaldeten Fläche. Durch größere Entwaldungen würde demnach die mittlere Jahrestemperatur einer Gegend durchschnittlich um 10 pCt. steigen. Wichtiger noch ist, daß sich durch die Beobachtungen auch herausgestellt hat, daß die mittlere Jahrestemperatur des Bodens durch die Wälder

---

[1]) Dr. Ebermayer „die physikalischen Einwirkungen des Waldes" 2c. Aschaffenburg 1873 bei Krebs.

durchschnittlich um 12.4 Grad oder 21 pCt. herabgedrückt wird, woraus folgt, daß der Einfluß des Waldes auf die jährliche Bodentemperatur gerade noch einmal so stark ist, als auf die Lufttemperatur, und daß durch Entholzungen — man vergesse nicht, daß lichte, schlecht bestockte Waldungen ziemlich dieselbe Wirkung wie Entholzungen haben — weit mehr auf den Boden, als auf die mittlere Lufttemperatur eingewirkt wird. In Beziehung auf die viel wichtigere Vertheilung der Wärme auf die Jahreszeiten ergibt sich ferner aus den Beobachtungen: „Im Frühjahr war die Waldluft — in 5 Fuß Höhe — am Tage durchgehends etwas kälter als die Luft im Freien;" die mittlere Differenz ist 1.02 Grad. Berechnet man das Mittel nicht blos aus der Tages-, sondern auch aus der Nachttemperatur resp. aus dem Minimum und Maximum, so sind die Temperatur-Unterschiede zwischen der Luft im Walde und der im Freien geringer und betragen nur 0.43 Grad.

„Im Sommer, also während der Hauptvegetationszeit, sind an allen Beobachtungsorten die Temperaturdifferenzen zwischen der Luft im Walde und der im Freien am stärksten gewesen." „Je heißer der Sommer ist, desto mehr macht sich die Wirkung des Waldes auf die Boden- und Lufttemperatur geltend, und zwar ist der absolute Einfluß desselben auf den Boden noch einmal so stark als auf die Luft, denn im großen Durchschnitt war die Luft im Walde im Sommer am Tage um 1.68 Grad kälter als auf freiem Felde, während die mittlere Temperatur des Waldbodens um 3.22 Grad niedriger gewesen ist, als die einer nicht bewaldeten Fläche."

Durch Ausrodungen der Wälder würde demnach im Sommer nicht blos die Luft, sondern vorzugsweise auch die mittlere Bodentemperatur wesentlich erhöht, womit eine raschere Verdunstung des Wassers, also auch geringere Bodenfeuchtigkeit verbunden wäre. — Mit dieser Bodenfeuchtigkeit hängt ganz natürlich die Quellenbildung zusammen. In den Herbstmonaten vermindert sich der Einfluß

Der Wald und seine außerforstliche Bedeutung.

des Waldes auf die Luft und Bodentemperatur wieder, und die Differenzen zwischen der Waldluft und der Luft im Freien nehmen ab.

Im Winter ist der Einfluß des Waldes auf die Lufttemperatur sehr unbedeutend; ebenso auch auf die Bodentemperatur. Interessant ist, daß die Wirkung des Waldes im Winter bei Nachtzeit eine weit größere ist als am Tage. Aus den Beobachtungen über die mittlere Temperatur im Freien und im Walde in den einzelnen Monaten wäre nur hervorzuheben, daß der absolute Einfluß des Waldes auf die Luft= und Bodentemperatur sich mit der Wärmezunahme steigert, und daß also die abkühlende Wirkung des Waldes mit derselben wächst und im Juli den höchsten Grad erreicht. Die Vergleichung der absoluten Einwirkungen des Waldes auf die täglichen Temperatur=Extreme d. h. auf die höchsten und niedrigsten Temperaturgrade ergibt das interessante Resultat, daß im Sommerhalbjahre — März bis incl. August — der Einfluß des Waldes auf die höchste Tagestemperatur 2 bis 3 mal größer ist, als auf die tiefste Nachttemperatur, und daß umgekehrt im Winterhalbjahr der Wald auf das Minimum der Nachttemperatur stärker einwirkt, als auf das Maximum der Tagestemperatur. „Durch größere Entwaldungen müßte demnach das Klima in unseren Breiten excessiver werden, genauer ausgedrückt: in den wärmeren Monaten — Mai bis Oktober — würde die höchste Temperatur am Tage im großen Durchschnitt um 2¼, im Juli sogar über 3 Grad steigen, das Minimum der Nachttemperatur aber im Mittel nur um 1.6 Grad sinken; in den kälteren Monaten — November bis April — wäre die klimatische Veränderung viel unbedeutender: die höchste Tagestemperatur würde im allgemeinen Mittel nur um ⅕ Grad zunehmen, die niedrigste Nachttemperatur aber um fast 1 Grad sinken.

2. Der Einfluß des Waldes auf die Feuchtigkeitsverhältnisse eines Landes. Wie sehr von dem Feuchtigkeitszustande, dem Wassergehalt der Atmosphäre, das örtliche Klima und

der Pflanzenwuchs bedingt wird, ist eine bekannte Thatsache; auch der Einfluß des Waldes auf diese Verhältnisse wurde schon früher erkannt; mit exakten Zahlen nachgewiesen aber hat ihn erst Dr. Ebermayer.

Nach den Beobachtungen auf den meteorologischen Stationen war die Luft im Walde, je nach der Lage über dem Meere, um 3 bis fast 9 pCt. — durchschnittlich um 6.86 pCt. — feuchter als auf freiem Felde, was um so interessanter ist, als sich bezüglich des absoluten Feuchtigkeitsgehaltes kaum ein bemerkenswerther Unterschied zwischen Wald und Freiem ergab. Diese Erscheinung, daß die Luft im Walde bei gleicher absoluter Feuchtigkeitsmenge relativ feuchter ist als die Luft im Freien, erklärt sich aus der niedrigern Temperatur der Waldluft gegenüber der auf freiem Felde.

Der Wald erhöht die jährliche relative Luftfeuchtigkeit; sein Einfluß ist aber an hochgelegenen Orten viel bedeutender als in Niederungen. — Wässerige Niederschläge — Thau, Nebel, Regen, Schnee — treten deßhalb in waldreichen Gegenden leichter ein, als in waldlosen und mit der Erhebung über die Meeresfläche muß sich Häufigkeit und Intensität dieser Niederschläge vermehren. Ebenso werden auf einem bewaldeten Gebirge wässerige Niederschläge sich leichter und öfter bilden, als auf einem nicht bewaldeten Gebirge von gleicher Höhe. Der Wald wirkt auf die Regenmenge nur insofern, als er den relativen Wassergehalt der Luft vermehrt und dieselbe ihrem Sättigungspunkte näher führt, so daß also bei eintretender Temperaturerniedrigung im Walde eine theilweise Ausscheidung des Wassers leichter in größerer Menge stattfindet, als auf unbewaldetem Terrain. Je höher der Wald über der Meeresoberfläche liegt, desto mehr macht sich dieser Einfluß bemerkbar.

Das Verhältniß des relativen Feuchtigkeitsgrades ergibt folgende Tabelle.

Der Wald und seine außerforstliche Bedeutung. 93

	Frühling	Sommer	Herbst	Winter
im Freien	74.96 pCt.	71.92 pCt.	82.72 pCt.	84.19 pCt.
im Walde	80.66 =	81.20 =	87.94 =	89.43 =
Differenz	5.70 pCt.	9.28 pCt.	5.22 pCt.	5.24 pCt.

„Diese Tabelle läßt keinen Zweifel darüber, daß die Waldluft in allen Jahreszeiten beträchtlich feuchter ist, als jene im Freien, und daß daher der Wald das Klima eines Landes feuchter macht. Der Einfluß desselben ist aber auch in dieser Hinsicht wieder in den Sommermonaten weitaus am stärksten, fast noch einmal so groß als in den andern Jahreszeiten. Während der Sommermonate trägt also der Wald zu vermehrter Bildung wässeriger Niederschläge viel mehr bei, als im Frühjahr, Herbst und Winter. Die feuchtere Luft, welche der Wald seiner Umgebung spendet, vermindert die nächtliche Wärmeausstrahlung und damit die Früh= und Spätfröste, welche im trocknen Klima so häufig vorkommen.

„Wir ersehen schon aus dieser kurzen Darstellung, von welchem Einflusse die Bewaldung der Gebirge auch auf Quellenbildung sein muß, noch mehr aber aus den Beobachtungen über die Verdunstung, zu welchen eigene Verdunstungsapparate — Atmometer — verwendet wurden. Dieselben haben folgendes Resultat ergeben:

im Freien:	3180.42 p. K.=Z.	= 265.03 p. Lin.	od. 597.93 Mm. H.
im Walde:	1163.88 = =	= 96.99 = =	= 218.64 = =
Differenz:	2016.54 p. K.=Z.	= 168.04 p. Lin.	od. 379.29 Mm. H.

„Im Walde war mithin die Verdunstung einer freien Wasserfläche im Jahresdurchschnitt um 2.7 mal, oder um 64 pCt. geringer als auf freiem Felde: mit andern Worten: wenn im Freien pro parf. Quadratfuß 100 Kubik=Zoll Wasser verdunsteten, so wurden im Walde nur 36 Kub.=Zoll in Dampf verwandelt. Damit ist also der Einfluß des Waldes auf die Verdunstung einer freien Wasserfläche innerhalb der jährlichen Periode ziffermäßig ausgedrückt."

Die größere Bodenfeuchtigkeit im Walde ist also die natürliche Folge der bedeutend geringern Verdunstung, und hebt Ebermayer noch besonders hervor: „aber auch auf die Verdunstung des Wassers in den Baumblättern kann der Wald nicht ohne Einfluß sein, und es unterliegt keinem Zweifel, daß bei einer und derselben Pflanze die Transpiration in geschlossenen — man beachte dies sehr — Wäldern nicht so lebhaft ist als auf freiem Felde." Weiter schließt Ebermayer aus den Beobachtungen, daß der absolute Einfluß des Waldes sehr bedeutend ist, namentlich während der Sommermonate, wo die Verdunstung in demselben durchschnittlich 2.8, also fast 3 mal geringer war, als auf freiem Felde, und während im Sommer im Walde 794.76 Kub.-Zoll weniger Wasser verdunstete, als auf freiem Felde, betrug die Differenz im Winter nur 202.89 Kub.-Zoll; mithin ist der absolute Einfluß des Waldes auf die Wasserverdunstung im Sommer fast 4 mal größer als im Winter. Durch Entwaldungen würde also die Verdunstung, namentlich im Sommer und in wärmeren Ländern, in hohem Grade beschleunigt, und aus diesen Zahlen allein können wir schon die große Bedeutung des Waldes für die Erhaltung der Bodenfeuchtigkeit und für den Quellenreichthum einer Gegend in der wärmeren Jahreszeit erkennen. — Bezüglich der noch wichtigern Frage des Einflusses des Waldes auf die Verdunstung der Bodenfeuchtigkeit, und namentlich der Wirkung der Streudecken im Walde gibt uns das Werk sehr wichtige Aufschlüsse.

Ebermayer sagt Seite 169: „Nachdem wir den Einfluß des Waldes auf die Verdunstungsgröße einer freien Wasserfläche durch Zahlen auszudrücken vermögen, so drängt sich von selbst die Frage auf, wie groß die Einwirkung desselben auf die Verdunstung des im Boden enthaltenen Wassers sei, und welchen Einfluß insbesondere die Streudecke im Walde auf die Verdunstung habe: Im ganzen Gebiete der Forstwirthschaft gibt es kaum eine Frage von größerer Bedeutung. Bezüglich des Ein-

Der Wald und seine außerforstliche Bedeutung.

flusses, welchen der Wald auf die Verdunstung des Bodenwassers ausübt, hat sich ergeben, daß derselbe ebenso stark ist, wie auf eine freie Wasserfläche, und daß der Wald auch hier wieder in den wärmeren Monaten mehr zur Erhaltung der Bodenfeuchtigkeit beiträgt als in den übrigen Monaten. Seite 172 sind die Verdunstungsgrößen von zwei Evaporations-Apparaten — der eine war mit Streu von normaler Beschaffenheit, der andere unbedeckt, beide natürlich in gut geschlossenen Holzbeständen aufgestellt — angegeben.

Jahrgang 1869.

	April.	Mai.	Juni.	Juli.	August.	Septbr.	Octbr.
unbedeckter ...	200.50	164.86	101.00	151.00	108.14	119.58	50.03
mit Streu bedeckter Waldboden	78.00	72.32	37.48	54.85	32.52	38.54	25.00
Differenz	122.50	92.54	63.52	96.15	75.62	81.04	25.03

Jahrgang 1870.

unbedeckter ...	225.94	186.30	159.50	150.75	60.25	66.25
mit Streu bedeckter Waldboden	102.25	76.50	61.70	55.25	28.92	28.75
Differenz	123.69	109.80	97.80	95.50	31.33	37.50

„Durch diese directen Beobachtungen ist mit Bestimmtheit nachgewiesen, daß die Verdunstung eines mit Streu bedeckten Waldbodens viel geringer ist, als eines streufreien, und es unterliegt daher keinem Zweifel mehr, daß nicht blos der Wald als solcher, sondern auch die Streudecke zur Erhaltung der Bodenfeuchtigkeit und zur Speisung der Quellen außerordentlich viel beiträgt."

Dr. Ebermayer berechnet nun weiter: „Der Verlust an Feuchtigkeit war also im streubedeckten Waldboden im Gesammtmittel im

Sommerhalbjahre 1869 um 2.7 mal, oder um 62 pCt., im Jahre 1870 um 2.4 mal oder um 58 pCt. geringer, als auf streufreiem Waldboden. Die Streudecke hatte demnach in beiden Jahren nahezu gleiche Wirkung und die Uebereinstimmung wäre jedenfalls noch größer, wenn nicht die abnormen Regenverhältnisse in den Monaten August und September 1870 eine Störung herbeigeführt hätten. Vergleichen wir obige Procentzahlen mit jenen, die wir für die Wirkungen des Waldes erhielten, so gelangen wir zu dem höchst interessanten Resultate, daß die Streudecke zur Erhaltung der Bodenfeuchtigkeit ebensoviel beiträgt, wie der Wald als solcher. In sehr regenreichen Jahren oder Monaten ist der Einfluß der Streudecke beträchtlich geringer als in trockenen Jahren. Man ersieht daraus, wie wichtig es ist, dem Boden eine schützende Moos= oder Laubdecke zu erhalten, zumal an Bergabhängen, wo noch dazu ohne Streudecke oder gar ohne Wald nur wenig Wasser in den Boden eindringt, und zum größten Theil in das Thal abfließt."

Seite 174 sind folgende Resultate gegeben: „Im gesammten Durchschnittsmittel betrug also die Verdunstung im streubedeckten Waldboden während der Vegetationszeit im Jahre 1869 um 7.2 mal oder um 86 pCt., im Sommerhalbjahre 1870 um 7.0 mal oder um 84 pCt. weniger, als auf unbedecktem Boden im Freien."

Ziffermäßig ausgedrückt, ist der Einfluß des Waldes und der Streudecke auf die Erhaltung der Bodenfeuchtigkeit folgender:

„a) Der Wald allein ohne Streudecke vermindert die Verdunstung des Bodenwassers gegenüber jener auf freiem Felde um 62 pCt., sie ist also im Walde um 2.6 mal geringer, als auf nicht bewaldetem Boden.

b) Durch die Streudecke wird die Verdunstung des Bodenwassers gegenüber jener auf freiem Felde um weitere 22 pCt. oder um 1.3 mal verringert.

Der Wald und seine außerforstliche Bedeutung.

c) Wald und Streudecke zusammen bewirken eine geringere Verdunstung des Bodenwassers um 85 pCt.

d) Im streubedeckten Waldboden ist die Verdunstung des Wassers um 60 pCt. oder um 2.5 mal geringer als auf streufreiem Waldboden.

Mit andern Worten: Wenn im Freien 100 Volumtheile Wasser aus dem Boden verdunsten, so gibt streufreier Waldboden nur 38, streubedeckter sogar nur 15 Volumtheile Wasser an die Atmosphäre ab.

Verliert streufreier Waldboden durch Verdunstung 100 Volumtheile Wasser, so beträgt der Wasserverlust im streubedeckten Waldboden nur 40 Volumtheile."

„Vorstehende Sätze zeigen, wie enge mit einander verknüpft der Reichthum an Wäldern und an Wasser in einem Lande sind; eine Thatsache, welche vorzugsweise durch den gewaltigen Einfluß des Waldes und der Streudecke auf die Verdunstung der Bodenfeuchtigkeit herbeigeführt wird. Es kann uns daher nicht wundern, daß Quellen und Bäche versiegen, oder nur periodisch fließen, daß der mittlere Stand der Flüsse und Bäche zurückgeht, wenn größere Waldflächen eines Landes abgeholzt werden."

Diesen Einfluß auf Wasserreichthum und Quellenbildung haben aber nur gut geschlossene, vollwüchsige, ihrer Streudecke nicht beraubte Waldungen; der Einfluß sinkt ganz constant und genau mit dem Rückgange des Waldes, so daß Krüppelbestände, wie sie leider schon ganze Höhenzüge einnehmen, nicht besser wie unbewaldete Flächen sind.

Dr. Ebermayer berechnet nun, indem er vom Kleinen auf's Große schließt, den Verlust des Bodenwassers, welcher durch Streunutzung oder Entwaldungen im Großen herbeigeführt wird; — er sagt:

„Im gesammten Durchschnitt verdunsteten aus dem Boden in den Sommerhalbjahren 1869 und 1870 in Summa folgende Wassermengen pro parf. Quadratfuß in parf. Kub.-Zoll:

Siebenter Abschnitt.

	im Freien	im Walde ohne Streudecke	im Walde mit Streudecke
1869	2195.60 Kub.-Zoll.	845.08 Kub.-Zoll.	313.71 Kub.-Zoll=
1870	2153.61 =	848.99 =	353.37 =
im Mittel	2174.10 Kub.-Zoll.	847.03 Kub.-Zoll.	333.04 Kub.-Zoll.

entsprechend einer Verdunstung in parf. Linien=Höhe von: .

| 181.15 parf. Linien | 70.63 parf. Linien | 27.70 parf. Linien. |
| oder 15 Zoll 1 Linie | 5 Zoll 10 Linien | 2 Zoll 4 Linien. |

Daraus berechnet sich, daß auf einem bayer. Tagwerk im Mittel beider Jahrgänge folgende Wassermengen in bayer. Kub.=Fuß verdunsteten:

im Freien: 56011 bayer. K.=Fuß, oder pro Hectare 4086.56 K.=Meter.
= Walde ohne
  Streudecke: 21822 =   =   =   =   1592.13 =
= Walde mit
  Streudecke: 8579 =   =   =   =   625.92 =

Durch die Entfernung der Streudecke würde demnach der Boden in einem geschlossenen Waldbestande innerhalb des Sommerhalbjahres in Folge der gesteigerten Verdunstung pro bayer. Tagwerk im großen Durchschnitt um 13.243 bayer. Kub.=Fuß mehr Wasser verlieren als zuvor; bei vollständiger Entwaldung wäre der Wasserverlust ganz enorm, denn 1 bayer. Tagwerk Bodenfläche gibt nach der Entwaldung im Sommerhalbjahr um 47.432 bayer. K.=Fuß Wasser mehr an die Luft ab, als vor der Entwaldung."

Um sich eine noch klarere Vorstellung über die großartigen Wirkungen des Waldes und der Streudecke in demselben auf den Quellen= und Wasserreichthum einer Gegend machen zu können, gibt Dr. Ebermayer folgendes interessante Beispiel: „Nehmen wir die bestockte Gesammtwaldfläche des Spessarts zu 100.000 bayer. Tagwerk an, so würde nach der vollständigen Abholzung desselben bei Zugrundlegung der eben gefundenen Zahlen, der Boden durch Verdunstung vom April bis incl. September, also im Sommerhalbjahr, in Summa um 4743.2 Millionen bayer. Kub.=Fuß Wasser

Der Wald und seine außerforstliche Bedeutung.

mehr verlieren als jetzt. Da nun bei Aschaffenburg der Main bei mittlerem Wasserstande (0 Pegel) 3050 Kub.-Fuß Wasser in der Sekunde liefert, so würde obige Wassermenge, welche nach der Entholzung des Spessarts aus dem Boden verdunstet, jetzt aber durch Wald- und Streudecke dem Boden erhalten bleibt, hinreichen, den Mainstrom 18 Tage lang bei 0 Pegelstand und gleicher Geschwindigkeit zu erhalten. Bei niederem Wasserstande im Sommerhalbjahr (10½ Zoll unter 0 Pegel) passiren im Main per Sekunde 1670 K.-Fuß Wasser, demnach würde obige Wassermasse ausreichend sein, den Main im Hochsommer bei Niederwasser 33 Tage, also über einen Monat lang zu speisen.

Würde man der bewaldeten Fläche des Spessarts blos die Streudecke entziehen, so wäre damit ein Wasserverlust pro Sommerhalbjahr von 1324.8 Millionen bayer. Kub.-Fuß Wasser verbunden, eine Wassermenge, die hinreichen würde, den Main bei mittlerem Stande 5 Tage, bei niederem Wasserstande 9 Tage lang zu unterhalten." Da auch der Spessart noch stark mit Streurechten belastet ist, so sind gerade die letzten Zahlen von großer Bedeutung, von um so größerer, wenn man bedenkt, daß eine fortgesetzte Streuentnahme auch die Holzbestände nach und nach lichtet und verschlechtert, und also in einen Zustand versetzt, in welchem sie die vorher geschilderten Wirkungen des vollen Waldes nicht mehr hervorbringen können. Den großartigsten Beweis hierfür liefern die Vorberge und die den Ortschaften zunächst gelegenen Theile des Spessarts.

Im Vorhergehenden wurde schon erwähnt, daß in waldreichen Gegenden wässerige Niederschläge leichter eintreten als in waldlosen, in der Hauptsache aber nur das Verdunstungsverhältniß im Freien und im Walde in Betracht gezogen. Da nun die Feuchtigkeitsverhältnisse eines Landes in erster Linie auch von Zahl und Intensität der wässerigen Niederschläge abhängen, so soll der Einfluß des Waldes auf dieselben hiemit kurz erläutert werden. Wenn auch der Einfluß des Waldes auf die absolute Regenmenge eines Landes häufig überschätzt, und namentlich der Einfluß der Bodenerhebung — der Gebirge — auch auf seine Rechnung geschrieben wurde, so ist doch die Wirkung des Waldes in dieser Beziehung — abgesehen von seiner mechanischen als Hinderniß gegen rasche Abströmungen — immer noch bedeutend genug. Auch hier tritt wieder der Gebirgswald — eine für die Entscheidung unserer Fragen wol zu beachtende Thatsache — in den Vordergrund, denn wenn die tiefer ziehenden Nebel und Wolken schon an den Bergkämmen ein mechanisches Hinderniß der Fortbewegung finden, so wird dieses noch gesteigert durch den geschlossenen, hohen Wald. Die kältere Waldluft, die kälteren Blätter ꝛc. veranlassen aber auch eine Condensation und Ausscheidung des Wasserdunstes als Regen, Schnee ꝛc. daher Vermehrung der wässerigen Niederschläge. Wer jemals mit prüfendem Auge Wetterbeobachtungen angestellt hat, weiß, daß das „Dampfen und Rauchen der Wälder" die „Nebelkappen der Berge" ein sicheres Zeichen sind, daß bald Regen zu erwarten, oder daß ein Nachlassen des schon eingetretenen Regens noch nicht zu hoffen ist; nur starke Windströmungen, welche die Wolken fortreißen, bringen dann eine unerwartete Aenderung hervor.

Zieht man dazu noch in Betracht, daß der Einfluß des Waldes auf Vermehrung und gleichmäßigere Vertheilung der wässerigen Niederschläge hauptsächlich während der Sommermonate hervortritt, weil in diesen ja gerade die Differenz der Temperatur — das Abkühlungsmoment — zwischen Wald und Feld am bedeutendsten ist: so springt die Wichtigkeit des Waldes auch in dieser Beziehung noch mehr in die Augen.

Bezüglich der Erhaltung und Speisung der Quellen durch die fallenden wässerigen Niederschläge wäre noch zu bemerken, daß es für diesen Zweck von wesentlicher Bedeutung ist, ob eine und dieselbe Regen- oder Schneemenge auf eine gleiche Fläche gut, schlecht oder gar nicht bewaldeten Boden fällt. Durch das Laub- oder Nadeldach eines gut geschlossenen Waldes wird die

Der Wald und seine außerforstliche Bedeutung.

Heftigkeit des Regens immer gebrochen, und die theils in den Blättern und Zweigen hängen bleibende, theils langsam zu Boden fallende Feuchtigkeit bringt vielmehr in denselben ein, als auf einer nicht bewaldeten, und namentlich nicht bearbeiteten Fläche; hiezu kommt noch, daß der abströmende Regen auf dem Boden des Waldes überall mechanischen Hindernissen: Laub, Nadeln, Moos, Zweigen 2c. begegnet, und zum Eindringen in den Boden genöthigt wird. Der schlecht bewaldete, licht bestockte, der Bodendecke beraubte Wald nähert sich mehr und mehr dem Felde, und wirkt als Krüppelwald mit verhärtetem Boden noch ungünstiger als dieses, da gelockerter Ackerboden das Eindringen des Regens noch mehr begünstigt als er.

Daß auch der Schnee im Walde langsamer und später schmilzt als auf dem Felde, ist eine bekannte Thatsache, aus der für unsere Zwecke nur noch die Folgerung gezogen werden muß, daß dieses langsamere Schmelzen eben auch das vollständigere Eindringen des Wassers in den Boden ermöglicht, und also mehr zur Speisung der Quellen beiträgt.

3. Allgemeiner Natur ist noch die Bedeutung des Waldes in Beziehung auf Gesundheit, Bewohnbarkeit und Schönheit der Länder.

Daß diese Bedeutung vorhanden ist, wer wollte es leugnen? Da aber der Gesetzgeber darauf wenig Rücksicht nehmen dürfte, so sollen ihr auch nur einige Zeilen gewidmet werden.

Dr. Ebermayer hat dem „Ozongehalt der Luft im Walde und auf freiem Felde" ein eigenes, interessantes Kapitel gewidmet. Er konstatirt, daß die „Luft im Walde und in der Nähe desselben auf unbewaldeter Fläche ozonreicher ist, als in solchen Gegenden, die von größeren Wäldern weit entfernt liegen." Da nun aber das Ozon „d. h. Sauerstoff mit andern Eigenschaften als im gewöhnlichen Zustande" das stärkste Oxydations- oder Verbrennungsmittel ist, welches wir kennen, und in Folge dessen schnell alle übelriechenden Gasarten und andere Produkte, welche sich aus verwesenden und faulenden Körpern entwickeln, zerstört und also als ein sehr wirksames Desinfectionsmittel angesehen werden muß, so ist auch der Ozongehalt der Luft von größter Bedeutung für die Gesundheit einer Gegend.

Zum Schlusse erwähnen wir noch, daß Dr. v. Pettenkofer die Wälder auch als Schutzmittel gegen die Ausbreitung der Cholera ansieht, und stützt er sich hiebei hauptsächlich auf Beobachtungen in Indien; übrigens wurden auch schon in Europa ähnliche Erfahrungen gemacht.

Daß die Bewohnbarkeit und Schönheit eines Landes durch gut vertheilte, voll bestockte Waldungen gehoben wird, braucht wol nicht besonders erwähnt zu werden; jeder Laie begreift dies und unsere besten, nationalsten Dichter haben den Wald und seinen poetischen Zauber stets mit Vorliebe besungen.

4. Lokaler Natur ist der Schutz des Waldes gegen Sandwehen, gegen Ueberschwemmungen, gegen Lavinen und gegen Erdsturz.

Von höchster Wichtigkeit ist der Schutz des Waldes gegen Sandwehen am Meere, weil hier unter dem stets und oft heftig bewegten Luftstrom der leichte Sand der Düne ohne die brechende und aufhaltende Gewalt des Waldes immer weiter in das Land eindringen und nach und nach auch das Kulturgelände überdecken würde. Da der Gegenstand dem Zwecke dieser Schrift zu ferne liegt, und eine ausführliche eigene Behandlung erfordert — Preußen hat eine eigene Gesetzgebung in dieser Beziehung — so soll er auch nicht weiter erörtert werden.

Im Binnenlande kommt Flugsand in größerer Ausdehnung nur selten vor; wo er jedoch erscheint, ist seine Bindung durch Wald nothwendig, da sonst die Gefahr sehr nahe liegt, daß er flüchtig d. h. vom Winde fort und auf benachbarte Kulturländereien getrieben wird. Auf solchen Flugsandschollen ist der Wald also Schutzwald im vollsten Sinne des Wortes, und seine Erhaltung als solcher muß durch das Gesetz bestimmt werden.

Der Wald und seine außerforstliche Bedeutung.

Daß der Wald gegen Ueberschwemmungen sowol der den Flußufern zunächst liegenden Gelände, als auch des am Fuße der Berge sich ausbreitenden Kulturlandes schützt, ist eine sehr bekannte Thatsache, und die Folgen rücksichtsloser Entwaldung, oder auch nur bedeutender Verschlechterung der Bestockung des vorhandenen Waldes, sind schon in den meisten Ländern mehr oder minder fühlbar geworden. Eines der schlagendsten Beispiele bietet Frankreich, wo die großartigen Verheerungen, welche von Zeit zu Zeit durch Ueberschwemmungen veranlaßt werden[1]), eine eigene Gesetzgebung in dieser Beziehung ins Leben gerufen haben. Die Gesetze von 1860 und 1864 bezwecken mit Hilfe des Staates die Berge wieder zu bewalden.

Auch die Schweiz hat die schlimmen Folgen der Entwaldung bereits kennen lernen, und ganze Dörfer und gesegnete Fluren wurden schon unter Wasser, Erde und Schnee begraben[2]).

Aber auch in Deutschland und Bayern sind Beschädigungen durch Ueberschwemmungen, Wasser- und Erdstürze schon öfter vorgekommen, und dürften sich rascher und rascher wiederholen, wenn nicht Gesetze über Schutzwaldungen der Entwaldung, und noch mehr der allmäligen Verschlechterung der Waldungen auf den Bergkämmen ein Ziel setzen. — In der bayer. Pfalz mehren sich ebenfalls die Klagen über lokale Ueberfluthungen, und immer mehr und mehr werden die kostbaren Rebgelände am Fuße der Berge durch den schlechten, krüppelhaften Zustand der oben stockenden Waldungen bedroht. Im Jahre 1868 wurden die Fluren der Stadt Deidesheim in der bayer. Pfalz in Folge eines wolkenbruchartigen Gewitterregens durch Sand-

---

[1]) Die Thäler der Rhone, der Loire und der Seine sind es hauptsächlich, welche in den Jahren 1841 und 1856 arg verwüstet wurden.

[2]) Man denke nur an den Flecken Altdorf und an den Canton Tessin, wo noch 1863 und 1868 so furchtbare Verheerungen stattfanden, und lese Marchand über die Entwaldung der Gebirge 1869; Sandolt Bericht an den Bundesrath 1862; Conzen der Einfluß des Waldes 1868.

und Geröllüberfluthungen derart verwüstet, daß man den Schaden auf 80,000 Fl. veranschlagte. Das Gewitter entlud seine gewaltigen Wassermassen hauptsächlich in den unmittelbar hinter den kostbaren Weinbergen von Deidesheim liegenden Waldungen, von wo aus sich die ungeheuer angeschwollene Wasserfluth durch die zwei Hauptthäler über die Weinberge, Felder und die Stadt mit rasender Geschwindigkeit ergoß. Es gingen dabei zwei Menschenleben verloren, zwei Mühlen wurden zerstört, und 1000 Meter vom Walde entfernt in der Stadt und am Bahnhofe lag der Sand noch 1 Meter hoch. Die Abschwemmung der Berge, und in Folge dessen die gewaltige Ueberfluthung ist hauptsächlich dem trostlosen Zustande des Gemeindewaldes von Deidesheim zuzuschreiben, welcher durch fortgesetzte, übertriebene Streunutzung zum Krüppelwalde herabgesunken ist, so daß kurze, vereinzelte Kiefern ohne allen Schluß seine hauptsächliche Bestockung bilden; der Boden entbehrt seiner natürlichen, schützenden, wasseraufsaugenden Decke von Blatt- oder Nadelabfällen, Moos ꝛc.

Diese lokalen Ueberfluthungen im kleineren Maßstabe sind übrigens in manchen Gegenden keine Seltenheit mehr, und müssen sich um so öfter und rascher wiederholen, je mehr der höher gelegene Wald gelichtet, also seiner schützenden Eigenschaft beraubt ist.

Daß der Wald gegen Lawinen, Erdstürze ꝛc. im Hochgebirge die beinahe einzige Schutzwehr bildet, ist ein tief im Volksbewußtsein beruhender Glaube, den unser nationalster Dichter so schön ausdrückt, wenn er schreibt:

> „Die Bäume sind gebannt, das ist Wahrheit,
> und die Lavinen hätten längst
> den Flecken Altdorf unter ihrer Last
> verschüttet, wenn der Wald dort oben nicht
> als eine Landwehr sich dagegen stellte."

Leider scheinen die Schweizer diese Aufgabe des Waldes, sowie überhaupt die allgemeinen, höhern Aufgaben desselben nicht genug

Der Wald und seine außerforstliche Bedeutung.

zu würdigen, denn auch von dort erschallen Klagen über zunehmende Waldverschlechterung.

Ueber dieses Kapitel wurde schon so viel von Schriftstellern aller Länder geschrieben, daß man denken sollte, es herrsche wenigstens unter dem gebildeten Theile der Bevölkerungen nunmehr eine Ueberzeugung, und diese eine Ueberzeugung müßte ihren Ausdruck endlich in wirksamen Gesetzen zum Schutze des Waldes gefunden haben; leider ist dem noch nicht so[1]).

---

[1]) Als populäres Werk über den Wald ist zu empfehlen: Der Wald von Roßmäßler, Wintersche Buchhandlung. — Den vollständigsten, kritischen Nachweis über die Literatur in dieser Beziehung enthält das Buch: Die Bedeutung und Wichtigkeit des Waldes, Ursachen und Folgen der Entwaldung, die Wiederbewaldung ꝛc. von Fr. Freiherrn von Löffelholz-Colberg k. b. Oberförster. Leipzig. Verlag von H. Schmidt.

Achter Abschnitt.
Die Gesetzgebung in Beziehung auf die Forstberechtigungen.

Auch diese Rechtsmaterie ist in den verschiedenen deutschen Staaten sehr verschieden behandelt worden, denn während man in einigen Staaten mit der theilweisen oder gänzlichen Ablösung aller Forstberechtigungen schon zu Ende ist, geben andere wieder erst jetzt Gesetze in dieser Richtung. — Obwol nun der Zweck dieser Schrift eine möglichst bündige Behandlung auch dieses Gegenstandes fordert, so ist es doch nothwendig wenigstens das Wesentlichste der Gesetzgebung verschiedener Länder hervorzuheben.

1. Die bayerische Gesetzgebung.

Die zweite Abtheilung des Forstgesetzes vom Jahre 1852 behandelt die Forstberechtigungen in den Art. 23 bis 34.

Die Art. 23. 24. 25 und 26 bestimmen die Grenzen, innerhalb welcher die Berechtigungen ausgeübt werden dürfen; sie sind also polizeilicher Natur.

Art. 27 bestimmt, daß „sowol der Waldbesitzer als der Forstberechtigte befugt sein soll, die Umwandlung ungemessener Forstberechtigungen in gemessene zu verlangen." — Folgen nun Bestimmungen, in welcher Art und Weise vorgegangen werden soll, wenn die frei Uebereinkunft kein Resultat erzielt.

Die Gesetzgebung in Beziehung auf die Forstberechtigungen. 107

Nach Art. 29 kann die Umwandlung einer Forstberechtigung in eine bestimmte jährliche Geldleistung außer dem Falle des Art. 26 nur durch freie Uebereinkunft der Betheiligten stattfinden. Solche Geldleistungen können von dem Verpflichteten mit dem zwanzigfachen Betrage abgelöst werden.

Art. 26 aber bestimmt: „beabsichtigt der Waldbesitzer eine Abänderung der Holz- oder Betriebsart in deren Folge eine Forstberechtigung nicht mehr in der bisherigen Weise ausgeübt werden kann, so ist er verpflichtet, vor der Ausführung die Forstpolizeibehörde davon in Kenntniß zu setzen, welche zwischen den Betheiligten eine gütliche Uebereinkunft zu versuchen hat. Kommt diese nicht zu Stande, so hat die Forstpolizeibehörde darüber zu entscheiden, ob die beabsichtigte Abänderung statthaft, und in welcher Weise die Berechtigten zu entschädigen seien, und zwar über die erste Frage ohne, über die zweite mit Vorbehalt des Rechtsweges. Die Entschädigung ist, wenn und so weit die Verhältnisse es gestatten, durch Umwandlung des bisherigen in einen anderen entsprechenden Forstnutzungsbezug, andernfalls in Geld zu leisten."

Bezüglich der Ablösung selbst geht das Gesetz nach Art. 30 von dem Grundsatze aus, daß dieselbe nur im Wege freier Vereinbarung beider Theile geschehen kann.

Als Ausnahmen sind zugelassen:

1. unbedingt ablösbar auf Antrag des Verpflichteten mit dem zwanzigfachen Betrage, sind diejenigen Forstrechte, welche schon vorher entweder freiwillig, oder in Folge einer nöthig gewordenen Betriebsänderung nach Art. 26 in eine jährliche Geldleistung umgewandelt worden waren;

2. mit Geld ablösbar, auf Antrag des Verpflichteten, sind die Forstberechtigungen solcher Güter, die zu dem Besitzer des belasteten Waldes im Grundbarkeitsverbande gestanden haben, jedoch mit Ausschluß der auf Staatswaldungen ruhenden Forstrechte ꝛc.

3. Holzberechtigungen, auf Antrag des Verpflichteten,

durch volle Entschädigung mittelst Abtretung eines von Rechten Dritter freien Theiles des belasteten Waldes, wenn der abzutretende Theil nach Lage und Größe eines forstwirthschaftlichen Betriebes fähig bleibt und den Bedarf der bisherigen Holzberechtigung nachhaltig deckt.

Dies die Grundzüge; die übrigen Art. enthalten hauptsächlich Bestimmungen über die Ausführung.

Nach den für die Pfalz geltenden gesetzlichen Bestimmungen ist eine Ablösung nur möglich, wenn beide Theile sich über die Ablösung, die Entschädigung ꝛc. vollständig einigen[1]).

2. Die preußische Gesetzgebung.

Die preußische Agrargesetzgebung war schon in sehr früher Zeit bestrebt, die Fesseln, welche den freien Gebrauch und Besitz des Grundeigenthums hinderten, zu lösen.

Schon das Kultur-Edict vom Jahre 1811 schränkte einige Forst-Berechtigungen auf das unschädliche Maß ein, aber erst die Gemeintheilungs-Ordnung vom 7. Juni 1821 verwirklichte die schon 1811 in Aussicht gestellte Ablösung sämmtlicher der Landeskultur schädlichen Servitute.

Der gegenwärtige Zustand der Gesetzgebung, fußend auf das obige Gesetz, sodann die Verordnungen von 1817 und 1834 über

---

[1]) A. Schwarz k. Regierungsrath. Die Forstberechtigungen. Speyer bei Kranzbühler 1864 Seite 83: § 121. Eine Klage auf Cantonnement d. h. eine Klage dahin gehend, daß dem Waldeigenthümer gestattet werde, dem Berechtigten einen Theil des Eigenthums nach Maßgabe des Umfanges seiner Nutzungsrechte definitiv zutheilen zu lassen, und dadurch denjenigen Theil des Waldes, der dem bisherigen Eigenthümer verblieb, von jeder Berechtigung zu befreien, findet in den Ländern welche früher die Departements des linken Rheinufers bildeten, nicht statt, da die betreffenden Gesetze hier nicht anwendbar sind.

Die Gesetzgebung in Beziehung auf die Forstberechtigungen. 109

das Verfahren bei den Ablösungen, sowie das Ergänzungsgesetz vom Jahre 1850, ist kurz folgender.

Das Provokationsrecht ist ein unbeschränktes, sowol für den Berechtigten als auch für den belasteten Eigenthümer oder erblichen Nutzungs-Berechtigten.

Bei den auf den Waldungen haftenden Servituten muß sich aber der Berechtigte, wenn er auf Ablösung anträgt, gefallen lassen, nicht nach dem Nutzungsertrage der Berechtigung, sondern nach dem aus der Ablösung dem Belasteten erwachsenden Vortheile abgefunden zu werden, welcher aber niemals den Nutzungsertrag übersteigen darf.

Ablösbar sind alle Weiderechte, die Rechte zum Mitgenuß an Holz, Streu, Mast, Plaggen-, Haide- und Bültenhieb, zum Harzscharren, zur Gräserei und zur Nutzung an Schilf, Rohr oder Binsen, zur Torfnutzung, mögen diese Rechte auf gemeinschaftlichem Eigenthum oder auf einem Dienstbarkeitsrecht beruhen.

Erworben werden können diese Rechte nur mehr durch einen schriftlichen Vertrag.

Der Antrag auf Ablösung bedarf keiner Begründung, indem ohne Beweisführung angenommen wird, daß **jede Gemeinschaftstheilung oder Ablösung zum Besten der Landeskultur** gereicht. — Eine Ausnahme findet nur statt, wenn behauptet und bewiesen wird, daß die Theilung eine Gefahr der Versandung oder der Beschädigung der Substanz durch Naturkräfte zur Folge haben würde.

Die Werthsbemessung der Servitut erfolgt nach dem Nutzungsertrage, unter Berücksichtigung des Umfanges des Rechtes und der landüblichen, örtlich anwendbaren Art der Benutzung bei Beobachtung der Forstpolizei-Gesetze, und zwar nach demjenigen Ertrage, den die Sache jedem Besitzer gewähren kann, ohne Rücksicht auf eine besonders fahrlässige oder fleißige bisherige Benutzungsart.

Die Abfindung wird in Ermanglung einer Einigung der Regel nach aus belastetem Lande unter Ausweisung der für jeden

Theilnehmer nöthigen Wege und Triften gegeben, doch kann der Belastete auch andere Grundstücke verwenden, wenn sie passend gelegen sind.

Die Abfindung in Rente muß angenommen werden:
a) wenn dem Berechtigten eine Entschädigung in Land nicht so gegeben werden kann, daß er dasselbe zum abgeschätzten Werthe zu nutzen vermag;
b) wenn er durch die Rente in den Stand gesetzt wird, sich die abgelöste Nutzung zu beschaffen.

Bezüglich der Abfindung in Land hat das Ergänzungsgesetz von 1850 die weitere Bestimmung getroffen, daß für die auf den Forsten lastenden Servitute zu Weide oder Gräserei ꝛc. eine Entschädigung in Land nur dann zu geben und anzunehmen ist, wenn das Land zur Benutzung als Acker oder Wiese geeignet ist, und in dieser Eigenschaft nachhaltig einen höhern Ertrag als durch Benutzung zur Holzzucht zu gewähren vermag. Der Abfindungsplan wird den Berechtigten nach dem Werthe als Acker oder Wiese unter Berücksichtigung der Kulturkosten ausgewiesen, muß aber in für beide Theile passender Lage gegeben werden können. Die Holzbestände verbleiben dem Forsteigenthümer, der sie in einer drei Jahre nicht übersteigenden Frist abtreiben muß.

Für Aufhebung von Rechten auf Holz und Streu kann der Waldeigenthümer die Abfindung auch in nur zur Holzzucht geeignetem, bestandenem Forstlande mit Anrechnung der Holzbestände gewähren, doch muß die Abfindungsfläche, wenn sie einen nur zur Hochwaldwirthschaft geeigneten Holzbestand hat, mindestens 30 Morgen groß sein. Ist im belasteten Walde kein zur Abfindung passend belegenes Land vorhanden, welches einen höheren Ertragswerth als Acker oder Wiese denn als Forst hat, so findet die Abfindnng in Rente statt.

Für Rechte zur Mast, zum Harzscharren, sowie zur Fischerei kann vom Berechtigten als Abfindung nur Rente gefordert werden.

Die Gesetzgebung in Beziehung auf die Forstberechtigungen. 111

Die Aufzählung der Bestimmungen über die Art und Weise der Ablösung der einzelnen Forstberechtigungen ꝛc. würde viel zu weit führen, und ist auch für den Zweck gegenwärtiger Schrift nicht nothwendig; erwähnt zu werden verdient nur noch, daß in Preußen mit dem wichtigen Geschäft der Ablösung besondere „Auseinander= setzungs=Behörden" betraut sind¹).

3. Die sächsische Gesetzgebung.

Für die pflegliche Behandlung der sächsischen Waldungen war schon das Mandat vom 30. Juli 1813, die Waldnebennutzungen und die in den Waldungen auszuübenden Befugnisse betreffend, von großer Bedeutung.

§ 1 dieses Mandates besagt: „Da die eigentliche und wesent= liche Bestimmung des Waldes in der bei einer ordentlichen Forst= wirthschaft zu erzielenden Holzproduktion besteht, so können die übrigen Walderzeugnisse oder sogenannten Nebennutzungen, sie mögen nun dem Waldeigenthümer selbst, oder einem Andern zukommen, sowie alle auf der Waldung haftenden Berechtigungen, nur in einer solchen Einschränkung benutzt, daß dadurch jene Hauptnutzung nicht verhindert oder aufgehoben werde."

In der Darstellung der k. s. Staatsforstverwaltung heißt es dann weiter:

„Da der ungemessene Bezug gewisser Nebennutzungen, z. B. der Streu, den Ruin der Wälder sicher herbeiführt, so muß der Einfluß eines solchen Gesetzes unzweifelhaft als ein sehr heilsamer bezeichnet werden."

Eine durchgreifende Verbesserung trat erst mit Erlaß des Ge= setzes vom 17. März 1832 über Ablösungen und Gemeinschafts= theilungen ein.

§ 1. „Vom 1. Januar 1833 an soll es nicht mehr der freien

---

[1] Ausführliches in von Hagen „die forstlichen Verhältnisse Preußens."

Vereinigung, sondern nur eines einseitigen Antrages bedürfen, um die in diesem Gesetze näher bezeichneten Rechte **abzulösen**, oder Gemeinheiten zur Theilung zu bringen[1])."

Der § 2 bestimmt, daß Privatvereinigungen auch später noch zulässig sind.

Nach §. 3 ist das Provokationsrecht vom Eigenthum, und wenn dies streitig ist, vom Naturalbesitze abhängig.

Dem Rechte, auf Ablösung anzutragen, können Verträge, Verjährungen und frühere, vor Bekanntmachung dieses Gesetzes ertheilte, rechtskräftige Entscheidungen nicht entgegen stehen.

§. 23. Einleitungen zur Ablösung finden nur entweder auf beiderseitiges Uebereinkommen, oder auf einseitigen Antrag (Provokation) eines von beiden Theilen statt.

§. 24. "Auf Ablösung anzutragen, steht beiden Theilen, d. h. ebensowol dem Berechtigten, als dem Verpflichteten frei, und in beiden Fällen muß sich der Provocirte die Ablösung gefallen lassen."

— Die einzelnen Beschränkungen aufzuführen, würde zu weit führen; die Hauptsache bleibt das Princip.

Gesetzliche Ablösungsmittel sind bei Dienstbarkeiten:

a) Bezahlung eines Kapitals; oder
b) Uebernahme einer jährlichen Geldrente;
c) Abtretung von Land; und
d) bei Holzungsrechten, incl. Stockholz- und Leseholzrecht, durch Aussetzung eines, statt einer Geldrente, zu bestimmenden jährlichen Holzdeputats.

Die Wahl unter den gesetzlichen Ablösungsmitteln steht in allen Fällen dem Verpflichteten zu, und zwar dergestalt, daß er zum

---

[1]) Im Eingang des Gesetzes heißt es: "Allein die verhältnißmäßig nur geringen Erfolge dieser Maßregel haben gezeigt, daß auf dem Wege der gegenseitigen Vereinigung allein, und ohne zugleich einen Maßstab für die Ausgleichung und Entschädigung festzustellen, zu diesem Ziele nicht zu gelangen ist."

Die Gesetzgebung in Beziehung auf die Forstberechtigungen. 113

Theil mit dem einen, zum Theil mit einem andern dieser Mittel ablösen kann. Conventionelle Ablösungsmittel sind zulässig.

§. 33. Der Verpflichtete ist in der ihm nach §. 30 freistehenden Wahl zwischen Kapitalzahlung und Uebernahme einer Rente in so weit beschränkt, als der Berechtigte, jedoch nur in dem Falle, wenn er zur Ablösung provocirt worden ist, Kapitalzahlung verlangen kann, um damit die durch Ablösung nothwendig bedingten neuen Einrichtungen zu bestreiten.

Die nun folgenden Paragraphen enthalten verschiedene Bestimmungen über Kapitalzahlung, Rente ꝛc.

Gemäß §. 50 sollen vom 1. Januar 1842 an alle Befugnisse, welche nach dem Gesetze ablösbar sind, nicht mehr durch Verjährung erworben werden können ꝛc.

§. 101 bestimmt, daß die in diesem Gesetze enthaltenen Bestimmungen über Ablösung der Dienstbarkeiten nur auf folgende Berechtigungen angewendet werden können:

a) Auf Hütungsbefugnisse in Holzungen ꝛc.;
b) auf das Beholzungsrecht, Befugnisse zum Streuholen, zum Leseholzsammeln, zum Stockroden, zum Harzreißen;
c) auf die Berechtigung zum Gras=, Schilf= und Rasenholen, sowol in Waldungen, als auf andern Grundstücken;
d) auf die Berechtigung, den zum Bauen nöthigen Sand und Lehm auf einem fremden Grundstücke zu graben und zu holen, und
e) auf die Berechtigung, fremde Steinlager zu benutzen.

Befugnisse, welche nicht abgelöst werden, unterliegen den Einschränkungen des Mandates von 1813.

Die übrigen Bestimmungen betreffen die Ermittlung des Umfanges der Berechtigung, der Entschädigung ꝛc.

Die Ablösungen ꝛc. sollen vor folgenden Behörden verhandelt und entschieden werden:

a) vor einer Spezialkommission;

b) vor der Generalkommission;
c) vor den obersten Justizbehörden;
d) vor den Ministerien.

4. Die badische Gesetzgebung.

Das badische Forstgesetz vom Jahre 1855 handelt im zweiten Theile von den Forstberechtigungen. § 100 bestimmt, daß die Gesetze der Forstpolizei auch gegen Jene wirken, welche Berechtigungen in Waldungen Anderer anzusprechen haben.

§ 102. Gibt der Rechtstitel, auf welchem eine Berechtigung beruht, derselben einen bestimmten größeren Umfang, als innerhalb welchem sie nach den Vorschriften der Forstpolizei im Interesse der Waldkultur künftig noch ausgeübt werden darf, so kann der Berechtigte für den Verlust, den er durch diese Beschränkung seiner Berechtigung erleidet, von dem Waldeigenthümer eine verhältnißmäßige, durch Vergleich oder vor dem Richter zu bestimmende Entschädigung fordern.

§. 103. Gehört die Waldung, auf welcher die Berechtigung ruht, einem Privaten, und dieser will die im vorhergehenden Paragraphen gedachte Entschädigung nicht leisten, so bleibt ihm unbenommen, statt dessen die Berechtigung nach dem ganzen Umfang ihres Rechtstitels fortan ausüben zu lassen.

§. 104. Neue Forstberechtigungen können nach Verkündigung dieses Gesetzes nicht mehr entstehen. Das Gesetz schützt jene, welche auf einem besondern Rechtstitel beruhen, oder sonst in rechtmäßiger Uebung sind, so lange sie nicht nach Maßgabe der §§. 134—136 abgelöst werden.

Die folgenden Paragraphen behandeln die einzelnen Arten von Berechtigungen, ihre Ausübung, Begrenzung ꝛc.

§. 134. Der Eigenthümer einer Waldung kann die Entlastung derselben von einem Beholzungsrecht in der Art verlangen, daß dem Berechtigten ein Theil des Waldes zur Entschädigung als Eigenthum zugewiesen werde.

Die Gesetzgebung in Beziehung auf die Forstberechtigungen. 115

Der Entschädigungsantheil darf gegen den Willen des Berechtigten nicht aus getrennten Stücken bestehen, er muß der aufgehobenen Berechtigung im Walde gleichkommen, und so weit es hiernach und nach der Oertlichkeit und dem Bestande des Waldes möglich ist, den bisherigen Holzbezug des Berechtigten auch für die Zukunft decken.

Die Entscheidung in streitigen Fällen steht den Gerichten zu.

§. 135. Die Aufhebung der Berechtigungen zur Weide, zu Laub und Streu, zur Mast und zum Eckerich, zum Harzscharren und Theerschwelen und zum Trüffelsuchen kann der belastete Waldeigenthümer gegen eine in Geld zu leistende Entschädigung ebenfalls fordern, sofern nicht durch die Aufhebung der Benutzung der Nahrungsstand des Berechtigten wesentlich gefährdet wird.

§. 136. Ist die Zulässigkeit der Aufhebung nach Maßgabe des vorhergehenden Paragraphen durch das Staatsministerium ausgesprochen, so gehört das weitere Verfahren und Erkenntniß in Betreff der Entschädigung vor die Gerichte.

5. Die württembergische Gesetzgebung.

Das Gesetz über die Ausübung und Ablösung der Weiderechte auf landwirthschaftlichen Grundstücken, sowie über die Ablösung der Waldweide=, Waldgräserei= und Waldstreu=Rechte für Württemberg vom Jahre 1873 zerfällt in 7 Abschnitte, wovon jedoch nur Theile des V. und VI. Abschnittes für unsern Zweck wichtig sind.

Der Art. 77 bestimmt: „Alle Weide=, Gräserei= und Streurechte, welche auf fremdem Waldboden haften; desgleichen alle besonderen, auf privatrechtliche Titel gegründeten und mit einem der genannten Waldnutzungsrechte verbundenen Beschränkungen der Waldkultur unterliegen auf den Antrag des Verpflichteten oder des Berechtigten der Ablösung und es erhalten, so weit die für die Ablösung der Feldweide gegebenen Vorschriften nach der Natur der Sache auf die Waldweide=, Waldgräserei= und Waldstreu=Nutzung überhaupt anwendbar sind, oder nicht in dem Folgenden eine Ausnahme ausdrücklich gemacht ist, die in dem vorigen Abschnitt Art. 39 bis 96 enthaltenen Bestimmungen ebenfalls Geltung.

Art. 80. Die in Art. 45 Ziff. 1 und 2 dieses Gesetzes bestimmten Fristen werden rücksichtlich der Waldweide=, Gräserei= und Streu=Nutzungen dahin abgeändert, daß diese Nutzungen dem bisherigen Berechtigten nur bis zum Tage der endgiltigen Festsetzung des Ablösungskapitals fortzureichen sind und mit diesem Tage aufhören.

Es wird aber dem bisherigen Berechtigten auf sein Verlangen das Recht eingeräumt, für die Dauer einer Uebergangszeit, welche derselbe bei den Ablösungsverhandlungen auf nicht länger als auf fünf Jahre sich ausbedingen darf, sein Bedürfniß an Weide, Gras oder Streu aus dem bisher belasteten oder nach Uebereinkunft der Betheiligten aus einem anderen gelegenen Walde zu beziehen.

Als höchstes Maß des Bedarfs ist diejenige Menge und Gattung anzunehmen, welche der Ablösungsberechnung zu Grunde gelegt worden ist.

Die hiernach zu beziehenden Nutzungen sind von dem bisherigen Berechtigten in demjenigen Preis zu bezahlen, nach welchem sie bei der Ablösung berechnet worden sind.

Art. 81. Wenn der Gemeinderath und Bürgerausschuß einer berechtigten — Gesammt= oder Parcellar= — Gemeinde in der Behauptung übereinstimmen und solche zu bescheinigen vermögen, daß die von dem Verpflichteten angemeldete Ablösung eines Weide=, Gräserei= oder Streu=Rechts den Nahrungsstand der Gemeindeangehörigen wesentlich gefährde, so hat eine von dem Ministerium des Innern für jeden einzelnen Fall unter dem Vorsitz eines Collegialmitgliedes dieses Departements zu berufende Commission, bestehend aus zwei Land= und zwei Forstwirthen, das Vorbringen zu prüfen.

Sollte hiebei die Behauptung als begründet erkannt werden, so hat die Commission zu bestimmen, in wie weit die in Art. 80

Die Gesetzgebung in Beziehung auf die Forstberechtigungen. 117

festgesetzte Uebergangszeit zu verlängern sei, und in welchem Maße, sowie in welchen Zeitabschnitten die bisherigen Bezüge allmälig zu veringern seien.

Der Art. 48 vom V Abschnitt bestimmt: „die Ablösungsschuldigkeit besteht in dem zwanzigfachen Betrage des jährlichen, reinen Ertrags der zur Ablösung kommenden Berechtigung zur Weide- und Pferchnutzung oder zu einer von beiden.

§. 49. Die Ermittlung des der Berechnung des Ablösungskapitals zu Grund zu legenden Jahreswerthes wird, soweit nicht die Betheiligten sich selbst darüber vereinigen, durch Sachverständige vorgenommen, welchen von den Betheiligten die in ihrem Besitze befindlichen urkundlichen Nachweisungen, — Rechnungen, Pachtverträge ꝛc. — zur Einsicht und geeigneten Benützung bei der Schätzung zuzustellen sind.

6. Die Gesetzgebung im Großherzogthum Hessen.

Nach dem Gesetz vom Jahre 1814 über Gemeinheitstheilungen sowie Auseinandersetzung zwischen Grundeigenthümern und Weide- und Holz-Berechtigten sind die Berechtigungen, welche das Waldeigenthum belasten, ablösbar, und insbesondere:

a) Hütberechtigungen auf Waldboden oder Blößen;
b) Mastberechtigungen;
c) Forstgemeinheiten; Berechtigungen zum Mitgenuß eines Waldes zum gemessenen oder ungemessenen Gebrauch.

Das Provokationsrecht steht nur dem Eigenthümer des belasteten Grundstückes zu; insbesondere aber hat der Eigenthümer eines Waldes, worin ein anderer ungemessen zur Beholzigung berechtigt ist, die Befugniß, zu verlangen, daß diese ungemessenen Berechtigungen auf gemessene jährliche, der Quantität und Qualität nach bestimmte Holzabgaben festgesetzt werden.

Die bei Gemeinheitsaufhebungen — Ablösungen — vorkommende Ausgleichung der Eigenthümer und Abfindung der Berechtigten geschieht gesetzlich durch einen Theil des Bodens aus dem zu separirenden Object, welcher Theil dem Interessenten zum künftigen privaten Gebrauch anheim fällt.

Der Antheil eines Berechtigten muß so beschaffen sein, daß er, auf angemessene Art in Kultur gesetzt, den Berechtigten für den Vortheil, den der Gebrauch der Berechtigung ihm unmittelbar gewährt, vollständig entschädigt.

Niemand kann gezwungen werden, anstatt dieser Vergütung durch Grund und Boden Geld anzunehmen. Die Ausübung des Rechts der Provokation ist an die Einwilligung der Regierungsbehörde gebunden. Die Auseinandersetzung selbst erfolgt auf dem Administrativweg und unter Zuziehung von Experten, soweit nicht zum Zweck derselben, und denselben vorgängig, Rechtsfragen gerichtlich zu entscheiden sind.

7. Französische Gesetzgebung.

Der Art. 63 des Code Forestier spricht der Regierung das Recht zu die Staatswaldungen von jedem Holzungsrechte durch Abtretung eines Theiles des belasteten Waldes zu entlasten, und zwar nach freiwilliger Uebereinkunft oder im Weigerungsfalle durch die Gerichte[1]).

Das Provokationsrecht — L'action en affranchissement — steht nur der Regierung, nicht den Berechtigten zu.

Art. 64. „Was die verschiedenen übrigen Rechte, sowie das Weide- und Mastrecht und die Eichellese — pâturage, panage et

---

[1]) Art. 63 im Original „Le Gouvernement pourra affranchir les forêts de l'État de tout droit d'usage en bois, moyennant un cantonnement qui sera réglé de gré à gré, et, en cas de contestation par les tribunaux. — Cantonnement als Bezeichnung für Ablösung mit einem Theil vom belasteten Walde scheint seinen Ursprung in der frühern Bestimmung von eigenen Kantonen zur Ausübung gewisser Nutzungsrechte zu haben. Ges. von 1792.

glandée — in denselben Wäldern betrifft, so können sie nicht durch Waldabtretung abgelöst; aber sie können zurückgekauft werden mittelst Entschädigungen, welche entweder freiwillig, oder, im Falle der Weigerung, durch die Gerichte geregelt werden."

„Der Rückkauf kann aber von der Regierung in Gegenden nicht verlangt werden, wo die Ausübung des Weiderechtes absolut nothwendig ist — d'une absolue nécessité — für die Bewohner einer oder mehrerer Gemeinden. Wenn diese Nothwendigkeit von der Forstverwaltung bestritten wird, versammeln sich die Parteien vor dem Präfekturrath, welcher nach einer auf die Nützlichkeit gerichteten Untersuchung beschließen wird; Recurs an den Staatsrath ist vorbehalten."

Art. 65. „In allen Staatswaldungen, welche nicht durch Waldabtretung oder Entschädigungen, gemäß den Art. 63 und 64, befreit sind, kann die Ausübung der Nutzungsrechte von der Forstverwaltung, je nach dem Zustande und dem Ertragsvermögen — possibilité — der Waldungen, jeder Zeit eingeschränkt — être réduit — und nur entsprechend den Bestimmungen der folgenden Artikel ausgeübt werden." — „Im Falle das Ertragsvermögen und der Zustand — die Aufstellung der Administration — bestritten wird, steht der Recurs an den Präfekturrath offen."

Die folgenden Artikel enthalten nun ziemlich scharfe Bestimmungen über die Ausübung der verschiedenen Rechte 2c.

Art. 118 gewährt den Privaten unter denselben Bedingungen dasselbe Recht, ihre Waldungen von allen Nutzungsrechten zu befreien, wie dem Staat; — ebenso sind die Artikel des Gesetzes betreffend die Ausübung der Forstrechte auf diese Waldungen anzuwenden. — Es wäre nun zu untersuchen, worin diese verschiedenen Gesetze übereinstimmen, und worin sie auseinandergehen; sodann wäre ein Schluß auf die Zweckmäßigkeit der verschiedenen gesetzlichen Bestimmungen zu ziehen mit Anwendung auf die bayerischen Verhältnisse.

Die bayerische Gesetzgebung fußt im Wesentlichen auf

dem Grundsatze, daß Forstrechtsablösungen nur im Wege freier Vereinbarung zulässig sind. Nur bei Holzberechtigungen gesteht sie dem Waldeigenthümer ein Provokationsrecht zu; jedoch muß die Ablösung durch Abtretung von einem Theile des belasteten Waldes erfolgen, welcher dem Berechtigten dasselbe Produkt nachhaltig liefert. Sie nimmt also eigentlich nur eine Naturaltheilung des gemeinschaftlichen Eigenthums vor, und diese Absicht des Gesetzgebers tritt noch klarer hervor, wenn man in Betracht zieht, daß er Streu und andere Rechte, bei welchen diese Art der Theilung nicht möglich ist, von der Ablösung auf einseitige Provokation ausschließt.

Wenn die bayerische Gesetzgebung sich im Betreff der Forstrechtsablösungen mehr auf den Rechtsstandpunkt des Miteigenthums und weniger auf den staats- und volkswirthschaftlichen Standpunkt der Erhaltung der Wälder gestellt hat, so sucht sie dies durch die forstpolizeilichen Bestimmungen, die Ausübung der Berechtigungen betreffend, sowie durch die Bestimmungen über die Umwandlung unbemessener in bemessene Forstrechte etwas zu ergänzen.

Wenn nach allgemeinen Rechtsgrundsätzen sowol Forstrechtsablösungen als auch Abänderungen, d. h. Verwandlung unbemessener in bemessene Rechte, nur in Uebereinstimmung beider Theile, d. h. durch Vertrag, abgeändert werden können[1], so hat die bayerische Gesetzgebung mit den Bestimmungen der Art. 26. 27 und den Ausnahmen des Art. 30 diesen Boden schon verlassen und ihr Oberaufsichtsrecht geltend gemacht; sie kann und muß also consequenter Weise noch weiter gehen, wenn sich gezeigt hat, daß die bisherigen gesetzlichen Bestimmungen zur Erreichung des Zweckes nicht ausreichend waren.

Die für die Pfalz geltenden gesetzlichen Bestimmungen wissen überhaupt nichts von Ablösung; freiwillige Auseinandersetzung nach

---

[1] Roth „Handbuch des Forstrechts" Seite 306 und 325.

Die Gesetzgebung in Beziehung auf die Forstberechtigungen. 121

dem Civilrecht ist allein möglich. Das einseitige Provokations=
recht von Seite des Belasteten haben die Gesetzgebungen von
Baden, Hessen — Großherzth. — und Frankreich adoptirt;
überdies ist die Ausübung dieses Rechtes in allen — Hessen — oder
einigen Fällen an die Genehmigung der Regierung gebunden.

Hessen gibt gesetzlich nur die Entschädigung durch Land
von dem belasteten Objekt zu; Geld anzunehmen ist der Berechtigte
nicht verbunden.

Baden und Frankreich verlangen nur bei Holzberechtigungen
die Abtretung von Wald; die übrigen Forstrechte können mit Geld
abgelöst werden. Das Gesetz bestimmt ferner nicht, daß das abzu=
tretende Waldland zu einer nachhaltigen landwirthschaftlichen Be=
nutzung geeignet, oder so groß sein muß, daß eine forstwirthschaftliche
Behandlung möglich ist; — wol aber — daß der bisherige Holz=
bezug des Berechtigten aus dem abgetretenen Walde gedeckt werden
kann. Baden, Preußen, Sachsen, Württemberg gestehen
das gegenseitige Provokationsrecht, und zwar ohne Ein=
mischung der Regierung zu; Württemberg gesteht dem Berechtigten
in besondern Fällen einen Aufschub zu; Preußen verbietet die
Theilung nur in einem seltenen und bestimmten Falle.

Preußen stellt die Abfindung in Land zwar noch als Regel
hin, gestattet jedoch in sehr vielen Fällen die Ablösung in Geld —
Kapital — Rente. Sachsen gibt verschiedene Ablösungsmittel zu.
Württemberg schließt bei der Ablösung von Weide=, Gräserei= und
Streurechten jede Landabtretung aus.

Wir sehen also, daß mit Ausnahme von Bayern die übrigen
Staaten sich schon mehr oder minder auf den staatswirthschaft=
lichen Standpunkt gestellt haben, und offenbar im Interesse der
Walderhaltung die Ablösungen erleichtern und begünstigen, da die
freie Vereinbarung beider Theile nur selten zu Stande kommt. Die
Motive zum sächs. Ablösungsgesetze vom Jahre 1833 sprechen dies
klar aus, und auch in Bayern geht die Ablösung nur äußerst lang=

sam vor sich, wie die Belastungstabelle C nachweist, und wie wir später noch sehen werden. Auch die Umwandlung der unbemessenen in bemessene Forstrechte führt nicht zum Ziele, erfordert dieselbe Arbeit wie eine vollständige Auseinandersetzung und hebt dennoch das volkswirthschaftlich immer nachtheilige gemeinschaftliche Eigenthum nicht auf[1]). Die forstpolizeilichen Bestimmungen und Beschränkungen in Beziehung auf die Ausübung ꝛc. der Forstrechte vermindern die schädlichen Wirkungen der Forstrechte, heben sie aber nicht auf und sind überdies eine ständige Quelle von Prozessen, da über die Auslegung und das Maß der Berechtigung, über die Anwendung der betreffenden Artikel des Gesetzes ꝛc. ja nur die Gerichte entscheiden können. Wer Waldungen bewirthschaftet hat, welche mit Forstrechten belastet sind, hat allein ein Urtheil über die Wirkung der Forstpolizeigesetze, und wie sehr man sich hüten muß, Einschränkungen vorzunehmen, welche wirthschaftlich zwar nothwendig sind, die Ausübung der Berechtigung nur wenig oder gar nicht stören und beeinträchtigen, aber nach der Auffassung der Berechtigten nicht geduldet werden dürfen, nicht weil sie jetzt das Recht schmälern, sondern weil dies **einmal in Zukunft der Fall sein könnte** ꝛc.; Winkeladvokaten, welche dieses starre Festhalten am sog. Recht für sich ausbeuten, finden sich aller Orten.

Ob das Provokationsrecht nur dem Belasteten oder auch dem Berechtigten zustehen soll, darüber waren die Ansichten früher kaum getheilt; die meisten Stimmen wollten das Recht der Provokation nur dem Belasteten zugestehen[2]).

Geht man von dem allein richtigen Grundsatze aus, daß eine zwangsweise d. h. durch einseitige Provokation hervorgerufene Ab-

---

[1]) Ueber den Art. 27 des Gesetzes vom Jahre 1852 lese Roth Seite 307, welcher die Normen des Art. 27 für nicht durchgreifend genug erklärt, um unter allen Umständen das Rechtsverhältniß zu befestigen.

[2]) v. Berg Seite 189; Pfeil Seite 69 ff.; Albert Seite 191 wollen das Provokationsrecht nur dem Belasteten zugestanden wissen.

lösung nur dann vom Staate begünstigt und gesetzlich angeordnet werden soll, wenn nur durch dieselbe die höchste Bodenkultur erzielt werden kann, und wenn man ferner annimmt, daß der Eigenthümer des Bodens am besten beurtheilen kann, ob die Ablösung zu diesem Zwecke nothwendig ist, so stünde allerdings dem Belasteten allein das Provokationsrecht zu. Zieht man aber in Erwägung, daß eine zwangsweise Ablösung überhaupt schon eine Abweichung vom allgemeinen Rechtsgrundsatze aus höhern Rücksichten ist, so muß man wenigstens dem Belasteten sein Recht nicht mehr verkürzen, als diese Rücksichten es erfordern, und ihm das Provokationsrecht zugestehen. Aber auch die Gerechtigkeit verlangt dies, denn es gibt Nutzungen, welche unter gewissen Verhältnissen den Belasteten wenig drücken und für den Berechtigten nach und nach an Werth verlieren; würde man nun dem Ersten das Recht zugestehen, die ihm lästigsten Servitute abzulösen, dem Zweiten aber nicht erlauben, auch die für ihn werthloseren zu provociren, so wäre er offenbar im Nachtheil. Eine Berechtigung laute z. B. auf Streu=, Weide= und Mastrecht, und der Belastete provocire nur die erste Berechtigung, weil er hofft, der Berechtigte werde nun gezwungenerweise Stallfütterung und rationellere Düngung einführen und die Weide nach und nach von selbst aufgeben. Der Berechtigte kommt aber auch zu derselben Ansicht und möchte aus diesem Grunde das immer werthloser werdende Weiderecht provociren; hier verlangt offenbar die Gerechtigkeit gleiches Recht für beide Interessenten.

Dieses Recht kann aber um so unbedenklicher zugestanden werden, wenn man bei der Provokation von Seite des Berechtigten Bestimmungen trifft, wie sie die preußische Gesetzgebung hat, wonach der Berechtigte nach dem Vortheile entschädigt wird, welcher dem Belasteten aus der Ablösung zugeht. — Das Princip der Gleichheit vor dem Gesetze, welches die Ertheilung der Provokationsbefugniß an beide Interessenten verlangt, spricht auch für die Ausdehnung der Ablösung auf alle Forstrechte; Bayern ausgenommen, sind die

Ablösungsbestimmungen auch auf alle Rechte ausgedehnt. Wenn das neue württembergische Ablösungsgesetz sich nicht auf alle Forstberechtigungen erstreckt, so begründen dies die Motive damit, weil diese Lasten — Holz= und Aeckerichrechte — schon in Folge der Ablösungsgesetze von 1848 und 1849 sich erheblich vermindert haben, und mit dem Vollzug des sogenannten Complexlasten=Ablösungsgesetzes, sowie auf dem Wege freiwilliger Ablösung mehr und mehr beseitigt werden, kann wol zugewartet und die, wenn gleich im Interesse der Waldwirthschaft ebenfalls sehr erwünschte Ablösung auch dieser Berechtigungen einem späteren Gesetze vorbehalten werden. Bezüglich des Einwilligungsrechtes der Regierung zur Provokation wäre zu bemerken, daß die Nothwendigkeit oder auch nur Nützlichkeit dieses Vorbehaltes nicht ersichtlich ist, denn wenn die Staatsgewalt einmal ein Ablösungsgesetz erlassen hat, so spricht sie damit aus, daß die Regel für die Ablösung spricht; warum sollte nun der Private in seiner eigenen Angelegenheit gegen sein Interesse handeln und auf Ablösung provociren, wenn seine Bodenkultur dadurch nicht gewinnt? Gibt es Ausnahmen, wie z. B. in Preußen, so stelle man sie einfach für jeden Besitzer gleichmäßig fest.

Der wichtigste Punkt, sowol für beide Interessenten, wie auch für die Regierung als Wohlfahrtsbehörde, bleibt aber immer die Bestimmung über die Art der Ablösung.

Wenn man von dem Principe ausgeht, daß die Ablösung nur eine Naturaltheilung, Auseinandersetzung des bisher gemeinschaftlichen Eigenthums, nicht aber auch eine Abfindung in anderer Art, ein Rückkauf sein soll oder darf, so bleibt nur Waldabtretung übrig. Stellt man dazu noch die Ansicht auf, daß der Berechtigte die Produkte, welche er bisher aus dem Berechtigungsbezirke bezogen hat, nach der Ablösung in eigener Wirthschaft gewinnen zu können im Stande sein muß, so muß man jede andere Entschädigung verwerfen, wie dies z. B. auch die hessische Gesetzgebung thut.

Vom rechtlichen Standpunkte betrachtet, hat diese Forderung

Die Gesetzgebung in Beziehung auf die Forstberechtigungen. 125

keinen Sinn, denn das Geld als „Werthmesser" ist überall das gesetzliche Ausgleichungsmittel[1]). Vom volkswirthschaftlichen Standpunkte aus hat aber diese Naturaltheilung die größten Schattenseiten, und ist nur unter bestimmten Verhältnissen zulässig. Diese sind: Wenn bei Holzberechtigungen, oder noch mehr wenn mit dieser Berechtigung auch noch andere verbunden sind, einer Gemeinde oder eines Privaten so viel Waldland abgetreten werden muß, daß der Wald entweder im Zusammenhange mit bereits vorhandenem Gemeinde- oder Privatwald, oder für sich allein eine nachhaltige Wirthschaft gestattet; oder wenn Waldboden gegeben werden kann, welcher sich zu einer nachhaltigen, landwirthschaftlichen Benutzung als Feld oder Wiese eignet. — In dieser Beziehung muß aber mit der größten Umsicht verfahren werden, denn eine Abtretung von bedingtem Feldboden ist für den Waldbesitzer nachtheilig, weil sie die Ansprüche an den Wald in Beziehung auf Streubezug vermehrt, da dergleichen Böden schon nach wenigen Jahren Streuzuschuß verlangen; im günstigsten Falle aber den extensiven landwirthschaftlichen Betrieb, die große, aber schlechte Viehhaltung ꝛc. ausdehnen.

Die Bestimmungen der bayerischen Gesetzgebung in dieser Beziehung sind schon beleuchtet worden, und muß nur noch bemerkt werden, daß die bayerische Forstverwaltung die Ablösung gegen Flächenabtretung ebenfalls so ziemlich aufgegeben hat; Seite 199 der Forstverwaltnng ꝛc.

Großh. Hessen kennt nur die Abfindung in Land, und ist nach Forstmeister Urich[2]) diese einseitige Betonung der Abfindung in Grund und Boden die Ursache, daß die Belasteten nicht provociren.

Die badische Gesetzgebung will nur die Holzberechtigungen mit Waldland abgelöst haben, und bestimmt noch dazu, daß dieser

---
[1]) Roscher, die Grundlagen der Nationalökonomie. Seite 222 ff.
[2]) Ein sehr lesenswerther Artikel über Forstablösung von demselben in dem 1874er März-Heft der Monatschrift von Dr. Baur.

Wald den bisherigen Holzbezug des Berechtigten decke; eine ähnliche, noch präcisere Bestimmung hat das bayerische Forstgesetz. Da beide Gesetze ein unbedingtes Rodungsverbot nicht kennen, in Bayern sogar die Rodung ohne Genehmigung erlaubt ist, wenn die Fläche sich zu einer bessern Benutzung eignet, so kann der bisherige Berechtigte die väterliche Fürsorge für seinen Holzbedarf dadurch illusorisch machen, daß er den abgetretenen Wald rodet. Den Fall, daß der Berechtigte später nicht mehr im Stande sein könnte, seinen Holzbedarf zu kaufen, kann der Gesetzgeber nicht im Auge gehabt haben, wol aber mag ihm der Gedanke vorgeschwebt haben, der Berechtigte könne das erhaltene Kapital oder die Rente verschwenden, und sich nachher mit seinem Holzbedarf doch wieder an den Wald des Belasteten halten, d. h. ihn auf dem Wege des Frevels zu decken suchen. Dieser Fall kann allerdings in armen Waldgegenden vorkommen, ist aber kein Grund, die Ablösung gänzlich zu versagen, wenn sie nicht in Waldland vorgenommen werden kann; er kann nur den Gesetzgeber bestimmen, die Abtretung in Waldland zuzulassen, wenn die schon hervorgehobene Bedingung der Möglichkeit einer nachhaltigen Waldwirthschaft eintrifft. In einem andern Falle Wald abzutreten, ist nicht blos bedenklich, sondern gänzlich verwerflich, da dadurch nur der kleine Waldbesitz auf absolutem Waldboden, der so große Schattenseiten hat, vermehrt werden würde.

Gegen Waldfrevel, oder um den allein richtigen Ausdruck zu gebrauchen, gegen Diebstähle helfen nur gute Gesetze; Gesetze, die Wald und Feld in Beziehung auf Schutz gleich stellen.

Die sächsische Gesetzgebung kennt verschiedene Ablösungsmittel, überläßt aber die Wahl dem Belasteten; sie hat offenbar den richtigsten Weg eingeschlagen, denn sie ist, ohne daß viele Klagen vernehmbar wurden, mit der Ablösung am schnellsten vorwärts gekommen. Die sächsische Gesetzgebung durchdringt eben am meisten der volkswirthschaftliche Gedanke der Nachtheile des gemeinschaftlichen Eigenthums, der Servi-

Die Gesetzgebung in Beziehung auf die Forstberechtigungen. 127

tute in Beziehung auf die Förderung der höchsten Bodenkultur.

Die preußische Gesetzgebung hat in Beziehung auf die Abfindung die größten Wandlungen durchgemacht, und das Studium derselben ist sehr belehrend und interessant.

Die Gemeintheilungsordnung vom Jahre 1821 ging offenbar auch noch von der Ansicht aus, daß es sich eigentlich um eine Naturaltheilung handle, und daß der Berechtigte auch nach der Ablösung möglichst im Stande sein solle, die früher aus dem belasteten Walde bezogenen Produkte nunmehr aus dem abgetretenen Walde zu holen, oder wenigstens sich Ersatzprodukte — Stroh, Futter — auf dem in Feld umgewandelten Boden zu bauen. — Die allgemeine Kulturschädlichkeit der Forstberechtigungen erkennend — Antrag auf Ablösung bedarf keiner Begründung 2c. — wollte der Gesetzgeber doch den Berechtigten möglichst begünstigen, und wol auch die Landeskultur durch Abtretung von Land zu der einträglicheren landwirthschaftlichen Benutzung heben.

Nachdem diese offenbar gute Absicht des Gesetzgebers im Vollzuge nicht blos nicht erreicht wurde, sondern im Gegentheil in Folge der Waldabtretungen nicht selten solcher Boden dem Feldbau gewidmet wurde, welcher bei diesem Bau keineswegs nachhaltig einen höhern Ertrag lieferte als bei der Benutzung zur Holzzucht, so schränkte man die Waldabtretung mehr und mehr ein[1]). Das

---

[1]) v. Hagen sagt darüber Seite 85: „Die vorstehend dargestellte Lage der Gesetzgebung in Beziehung auf die Ablösung der Forstservituten hat dahin geführt, daß ein großer Theil der Forsten des Landes nunmehr von Servituten befreit ist. So günstig dies einerseits auf den Wirthschaftsbetrieb gewirkt hat, so ist doch die Entlastung in vielen Fällen mit Opfern erkauft, die nicht dem Waldbesitzer allein, sondern auch dem Nationaleinkommen besonders dadurch erwachsen sind, daß Abfindungen in Land haben gegeben werden müssen, welches nach wenigen aus der angesammelten Waldbodenkraft entnommenen Ernten für den Ackerbau

Ergänzungsgesetz vom Jahre 1850 ist das Gesetz, welches etwas gebessert hat; doch mag das Hauptgebrechen im Vollzuge gelegen haben, der aber bei dem dehnbaren Begriff „nachhaltig" nicht immer und überall gleichmäßig und correkt sein kann. Dieses Gesetz hat auch die neue Bestimmung, daß für Aufhebung von Rechten auf Holz und Streu der Waldeigenthümer die Abfindung in nur zur Holzzucht geeignetem, bestandenem Forstlande mit Anrechnung der Holzbestände gewähren kann, doch muß die Abfindungsfläche, wenn sie einen nur zur Hochwaldwirthschaft geeigneten Holzbestand hat, mindestens 30 Morgen groß sein.

Ein mir nicht vorliegendes Gesetz vom Jahre 1867 hebt die Abfindung mit Land bei Rechten auf Mast, sowie auf vertragsmäßig verliehene feste Brennholzabgaben ganz auf und gewährt nur Geldrente; ebenso ist hier der Grundsatz ausgesprochen, daß eine ganze oder theilweise Rentenentschädigung an der Stelle der Landentschädigung gegeben werden kann und angenommen werden muß, wenn letztere nach sachverständigem Ermessen dem wirthschaftlichen Interesse des Berechtigten oder Belasteten nicht entspricht.

Die württembergische Gesetzgebung, die Erfahrungen anderer Länder klug benützend, hat die Entschädigung in Grund und Boden als Verpflichtung in das Gesetz nicht aufgenommen, es jedoch der freien Uebereinkunft überlassen, diese Entschädigungsart zu wählen.

---

kaum noch nutzbar ist und besser der Waldwirthschaft erhalten geblieben wäre. — Die in der spätern Gesetzgebung getroffene Vorsorge zur Verhütung von dergleichen Schädigung der Landeskulturinteressen hat hierin etwas gebessert, aber doch die Erreichung des Zweckes nicht genügend sicher gestellt. Möge daher die weitere Agrargesetzgebung mehr die Besonderheiten des Waldes und die Walderhaltung in's Auge fassen und die segensreichen allgemeinen Grundsätze der preuß. Agrargesetzgebung für die Waldungen in einer Weise zur Anwendung bringen, welche die Nachtheile der Vernichtung des Waldes auf absolutem Waldboden als Folge von Gemeinheitstheilungen mehr als bisher abwendet."

Die Motive, warum diese Art der Entschädigung nicht gewählt wurde, sind so zutreffend, daß wir uns nicht versagen können, sie kurz wiederzugeben: „Daß von einer Entschädigung in Wald, dessen Boden zur Ausstockung und landwirthschaftlichen Benützung **nicht geeignet**, bei Weide=, Gräserei= und Streurechtsablösungen keine Rede sein kann, bedarf keines Beweises, denn die dem Berechtigten abzutretende Waldfläche kann diese entgehenden Nutzungen nur zum geringsten Theil ersetzen, selbst wenn mit gänzlicher Hintansetzung des Hauptzweckes die Wirthschaft ausschließlich mit Rücksicht auf möglichste Vermehrung des Futter= und Streuertrages betrieben werden wollte. Ein solcher Wald würde in kurzer Zeit völlig devastirt sein und unter ungünstigen Boden= und klimatischen Verhältnissen in eine unfruchtbare Oedung sich verwandeln."

Bezüglich der Abtretung von zu Acker oder Wiese geeignetem Boden bemerken die Motive, daß Ackerboden von einer so guten Beschaffenheit, welcher den Anbau von Futtergewächsen und Stroh nachhaltig zulasse, in Württemberg gerade in denjenigen Landesgegenden, wo die Streurechte in größerer Ausdehnung bestehen, schon längst von der Landwirthschaft in Anspruch genommen sei; ja daß sogar ausgedehnte Strecken geringeren, armen Bodens, welche besser der Holzzucht gewidmet geblieben wären, im Lauf der Zeit gerodet und urbar gemacht worden seien. Eine weitere Urbarmachung von minder fruchtbarem — der Boden, den ich bedingten Feld- oder Waldboden nenne — könnte möglicherweise bei der armen Bevölkerung eine Vermehrung der Futter= und Streufrevel hervorrufen.

Ein Mitglied der württembergischen Kammer, wo die Ablösung in Grund und Boden doch auch ihre Vertheidiger fand, äußerte sich in demselben Sinne folgendermaßen: „Ich gehe noch weiter und behaupte: Die Landwirthe in Württemberg haben überhaupt zu viel Grund und Boden unter dem Pfluge d. h. sie haben zu viel Grund und Boden im Verhältniß des Betriebskapitals."

Diese Zustände findet man aber nicht blos in Württemberg, sondern in allen Ländern, auch in Bayern. Ihre Entstehungsgeschichte beruht einfach auf dem Umstande, daß alle Gebirge und Waldgegenden in der Regel wenig absoluten Feldboden haben, und daß sich also die wachsende Bevölkerung auch auf den Boden warf, welcher nur mit dem Düngerzuschusse des Waldes noch erträgliche Ernten liefert; sie konnte dies um so mehr thun als sie mit Hülfe von Begünstigung oder Berechtigung Jahr aus Jahr ein bedeutende Quantitäten von Streu und Gras aus dem Walde zog, und dem ausgehungerten Acker zuführte. — Die damals arme, weil arbeitslose Bevölkerung konnte beim Bebauen dieser Kartoffeläcker doch wenigstens ihre sonst freie Zeit etwas verwerthen, denn der Wald beschäftigte sie nur einen Theil des Jahres und die Löhne waren spärlich, weil das massenhafte Angebot von Arbeitskräften dieselben herabdrückte. Der Boden dieser Waldgegenden ist der alte geblieben, oder hat sich nicht selten durch die ununterbrochene Düngung mit Waldstreuwerk noch verschlechtert; die Verhältnisse in Beziehung auf den Preis der Arbeit aber haben sich gewaltig geändert; die Löhne sind auch in den Waldgegenden nicht selten auf das Doppelte gestiegen, und es fehlt manchmal an Waldarbeitern. Diese Zeit, wo der Bau von geringen Bergländereien nicht mehr lohnend sein kann, scheint sehr geeignet, eine rasche Ablösung der Forstrechte zu erleichtern, d. h. den Uebergang bei der Bevölkerung weniger empfindlich zu machen. Wenn gegen die Geldentschädigung noch geltend gemacht wird, daß Kapital und Rente durch die Hände schlüpfen und vergeudet würden, so ist darauf zu erwidern, daß die Staatsgewalt ja auch in allen andern Dingen nicht verhindern kann, daß der Einzelne verschwendet; ist aber eine Gesammtgemeinde durch Geld entschädigt worden, so ließen sich doch wol durch die Aufsichtsbehörde Maßregeln treffen, daß die Zinsen des Kapitals nur zu bestimmten Zwecken, wie Befriedigung ähnlicher Bedürfnisse, wie die frühere Berechtigung sie gewährte, verwendet würden; eine weitere Ausführung dieses Gegenstandes ge-

Die Gesetzgebung in Beziehung auf die Forstberechtigungen. 131

hört aber nicht hierher. — Ein anderer gegen die Geldentschädigung erhobener Einwand ist, daß das Geld als Waare im Preise sinke, während die Waldprodukte in demselben Verhältniß steigen. Dagegen muß erwidert werden, daß auch die Berechtigungen im Laufe der Zeiten gestiegen sind, und an Ausdehnung zugenommen haben[1]) und daß für deren Ablösung natürlich heute schon viel mehr als deren ursprünglicher Werth bezahlt werden muß[2]).

Daß das Ablösungsgeschäft in den einzelnen Ländern im Verhältniß zu den leichtern und günstigern Ablösungsbedingungen steht, ist selbstverständlich; aber auch die verschiedenen Länder unter sich stehen in demselben Verhältnisse.

Die Belastungsverhältnisse in Bayern haben wir schon ausführlich geschildert, und bemerken nur noch beiläufig, daß im Voranschlag für die XII. Finanz-Periode für Ablösung von Forstrechten nichts enthalten ist.

In Hessen ist den neuerlichen Klagen zufolge die Ablösung ebenfalls noch weit zurück; Zahlen stehen mir nicht zu Gebote.

In Frankreich (Rapport sur les forêts de l'État 1860) waren im Jahre 1857 noch 302.000 Hect. d. h. etwas mehr als $\frac{1}{4}$ aller Staatswaldungen mit Rechten belastet; das Verhältniß dürfte jetzt noch viel günstiger sein, weil gerade die kaiserliche Regierung in dieser Beziehung den richtigen Standpunkt einnahm.

---

[1]) Der Rapport über die französ. Staatswaldungen von 1860 sagt: „Mais le droit d'usage en bois prélève directement un part important des produits forestiers, et, lorsqu'il est constitué à feux croissants, c'est à dire susceptible de s'accroître avec la population usagère, il finit souvent absorber la totalité de ces produits."

[2]) Roscher, Nationalökonomik des Ackerbaues §. 121: „Die Gerechtigkeit fordert, daß dem Berechtigten der volle jetzige Werth des Opfers, das er bringen will, vergütet werde. Ob dieser Werth in Zukunft noch hätte steigen können, muß bei der gänzlichen Unberechenbarkeit aller Zukunft unberücksichtigt bleiben."

Der Rapport sagt: „Die Durchführung der Ablösungsarbeiten im größern Maßstabe war eine sowol im Interesse des Staates als der Bevölkerungen gebotene Maßregel, eine Maßregel, welche nicht blos den Grundsätzen einer guten Verwaltung, sondern auch einer verständigen Volkswirthschaft — sage économie politique — gemäß ist. Die kais. Regierung hielt es für nothwendig diesen wichtigen Arbeiten neuen Antrieb zu geben.

In Württemberg waren beim Erlaß des neuen Gesetzes noch 35 pCt. der Waldungen — aller oder blos der Staatswaldungen? — belastet, und wurde diese Belastung als sehr bedeutend angesehen.

Mit den Ablösungen wird nun rasch vorwärts gegangen, und selbst die Berechtigten machen zuverlässigen Nachrichten zufolge einen ziemlich häufigen Gebrauch von ihrem Provokationsrechte.

In Preußen ging nach von Hagen die Ablösung bis zum Erlasse des Erg.-Gesetzes vom Jahre 1850 langsam, insbesondere weil bis dahin die Bestimmungen bezüglich der Landabtretung zu ungünstig für den Belasteten waren. Das Gesetz von 1850 gab durch seine Bestimmungen neue Anregung zur Ablösung, wozu noch kam, „daß die Forstverwaltung immer mehr zu der Ueberzeugung gelangte, wie hinderlich der nothwendigen intensiven Bewirthschaftung der Forsten die Servituten im Allgemeinen sind, wie sehr sie den Forstschutz erschweren, wie sehr die Streuberechtigungen die Erhaltung des Waldes gefährden und wie nothwendig es ist, möglichst bald außer Zweifel zu stellen, welches Areal im Forstbesitze bleibt, um nicht nutzlos Aufwendung für Flächen zu machen, welche demnächst noch als Abfindung abgetreten werden müssen;" von Hagen Seite 103. — „Die Servitutbefreiung ist nun für eine große Anzahl von Oberförstereien, etwa für 1½ Millionen Morgen bereits erreicht, und für die übrigen soweit gediehen, daß man auf die Beendigung des gesammten Ablösungswerks in mehreren Regierungsbezirken schon im Laufe der nächsten 2—3 Jahre, in den übrigen binnen 4—5 Jahren rechnen darf."

Die Gesetzgebung in Beziehung auf die Forstberechtigungen. 133

„Welche Opfer an Land und Geld dazu noch zu bringen sein werden, läßt sich kaum ermessen. Doch wird man sich nach den Erfahrungen der letzten Zeit auf ein Opfer von noch 50—60000 Morgen und 7—8 Millionen Kapital, einschließlich des Ablösungskapitals für die Renten, wol gefaßt halten müssen."

Sachsen. „Früher lasteten sehr bedeutende Servituten auf den Staatswaldungen, welche nicht nur eine geordnete Forstwirthschaft sehr erschwerten, sondern auch die Erträge aus denselben wesentlich beeinträchtigten[1]." Gegenwärtig — 1869 — sind die Staatswaldungen bis auf einige Holzberechtigungen — Bauholzberechtigungen — von allen ablösbaren Lasten befreit; nunmehr 1874 wird dies wol ganz der Fall sein. — Auch in Baden ist man mit den Forstrechtsablösungen beinahe fertig und arbeitet rüstig an der gänzlichen Entlastung.

Aus dieser Darstellung der factischen Verhältnisse in den verschiedenen Ländern ist zu ersehen, daß die bayer. Forstverwaltung in Beziehung auf Ablösung der Forstberechtigungen noch sehr weit zurücksteht, und daß alle Staaten, und namentlich alle Forstverwaltungen, von der Nothwendigkeit der Ablösung der Forstberechtigungen durchdrungen sind. — Hessen allein steht noch auf ziemlich gleicher Stufe.

Die bayer. Forstverwaltung scheint die Ueberzeugung von dieser Nothwendigkeit wenigstens bis zum Jahre 1861 noch nicht gewonnen zu haben, wie aus den Darstellungen derselben Seite 199 hervorgeht.

Wenn man in Bayern mit Beginn dieses Jahrhunderts von der Theorie der unbedingten Freiheit des Grundbesitzes eine zu frühzeitige und noch mehr eine falsche Anwendung gemacht hat, so daß die Staatswaldungen durch unbedingte Ablösung der Servituten mittelst Ueberlassung von Waldgrund an die Berechtigten[2])

---
[1]) Darstellung der k. sächs. Staatsforstverwaltung und ihrer Ergebnisse. Dresden 1869.
[2]) Die Forstverwaltung ꝛc. Einleitung V und VI.

und durch Verkauf[1]) eine große Verminderung erlitten haben, so scheinen diese Thatsachen nicht ohne Einfluß auf die spätere Gesetzgebung geblieben zu sein.

Diese hervorgehobenen Mißstände hätten aber damals schon vermieden werden können, wenn man nicht das einseitige Princip der Naturaltheilung festgehalten hätte; an ihm sind noch alle Ablösungswerke mehr oder minder gescheitert, und überall hat es dieselben naturnothwendigen, weil in der Eigenart des Waldbesitzes liegenden nachtheiligen, volkswirthschaftlichen Folgen gehabt, daß die abgetretenen kleinen Waldparzellen bald zu Oedungen herabsanken.

Wenn der bayer. Staat bei einer neuen Gesetzgebung diese Klippe vermeidet, so kann und muß die Ablösung der Forstberechtigungen nur von den heilsamsten Folgen für denselben sein.

---

[1]) Ueber diese Theorie und die Unzweckmäßigkeit des Staatswaldbesitzes: J. Nazzi, Die ächten Ansichten der Waldungen, München 1805; Dr. Murchardt, Ideen aus dem Gebiete der Nationalökonomie und Staatswirthschaft, Göttingen 1808.

Neunter Abschnitt.
Die Hoheitsrechte in Beziehung auf den Wald.

Nach Dr. Roth äußert sich die Staatsgewalt in Beziehung auf die Waldungen ihres Gebietes:
1. in der gesetzgebenden;
2. in der richterlichen;
3. in der Polizei= und
4. in der Finanzgewalt.

Nach dem Besitzstande zerfallen die Waldungen Bayern's:
1. in Staatswaldungen;
2. in Gemeinde=, Stiftungs= und Korporationswaldungen;
3. in Privatwaldungen.

Der gesetzgebenden Gewalt sind alle Waldungen unterworfen, denn daß die Staatsgewalt auch in Bezug auf die Privatwaldungen das Eigenthum beschränkende Gesetze erlassen kann, unterliegt keinem Zweifel, und ist wol auch nie bestritten worden; dagegen bestehen über die Nothwendigkeit und Zweckmäßigkeit solcher Gesetze verschie=bene Meinungen; diese Frage kann aber offenbar nur im Anhalt für gegebene Zeit und Landesverhältnisse richtig entschieden werden, denn was bei den Besitzstandsverhältnissen des einen Staates noth=wendig ist, kann bei denen eines andern zweckwidrig sein.

Der richterlichen Gewalt sind ebenfalls sämmtliche Wal=dungen unterworfen.

Die Polizeigewalt erstreckt sich über die verschiedenen Waldungen je nach den bestehenden Gesetzen über die Ausübung derselben mehr oder minder weit.

Die Finanzgewalt äußert sich im vollen Sinne des Wortes nur auf die Waldungen des Staates; in Bezug auf die Besteuerung aber auf sämmtliche.

Die Forstgesetze zerfallen wieder in:
1. Privatrechtliche Gesetze über die verschiedenen Verhältnisse des Waldeigenthümers und der Berechtigten;
2. Strafgesetze über Beschädigungen und Entwendungen;
3. Polizeigesetze über den Schutz des Waldeigenthums in jeder Beziehung, und Verfahren dabei;
4. Grundsätzliche Normen über die Verwaltung der Staatswaldungen, und über die Handhabung der Curatel der Staatsgewalt in Beziehung auf Gemeinde- und Stiftungswaldungen;
5. Verordnungsrecht über den Vollzug.

Diese kurze Auseinandersetzung dürfte für den Zweck dieser Schrift genügend sein, denn es ist nur beabsichtigt, auf die Mängel der bayer. Gesetzgebung ad 1, theilweise ad 3 und ebenso ad 4 aufmerksam zu machen.

Zu diesem Zwecke wird eine Vergleichung der bayer. Gesetzgebung mit der anderer Staaten nothwendig sein.

Für die sieben rechtsrheinischen Kreise Bayern's ist das Forstgesetz vom Jahre 1852 in Geltung; für die Pfalz das revidirte Forststrafgesetz vom Jahre 1846, sodann die Verordnung der k. k. österreichischen und k. bayer. gemeinschaftlichen Landes-Administrations-Kommission vom Jahre 1814, ferner in Beziehung auf die Forstberechtigungen noch verschiedene französische Gesetze, wie namentlich die Ordonnanz vom Jahre 1669.

Das Gesetz vom Jahre 1852 spricht im Art. 1 den Grundsatz aus, daß: „jedem Waldbesitzer die freie Benutzung und Bewirth-

Die Hoheitsrechte in Beziehung auf den Wald.

schaftung seines Waldes zusteht, vorbehaltlich der Rechte Dritter, sowie der Bestimmungen des gegenwärtigen Gesetzes." — Es trifft sodann besondere Bestimmungen in Ansehung der Waldungen:

1. des Staats;
2. der Gemeinden, Stiftungen und Körperschaften; und
3. der Privaten

In der II. Abth. enthält es die gesetzlichen Bestimmungen bezüglich der Forstberechtigungen; in der III. Abth. sind die forstpolizeilichen Anordnungen enthalten; die IV. Abth. bildet das Strafgesetz; die V. Abth. begreift das Verfahren über die Zuständigkeit.

Das Gesetz vom Jahre 1852 war für seine Zeit gewiß ein Fortschritt, schon deßwegen, weil es an die Stelle einer Menge der verschiedenartigsten Verordnungen und Gewohnheitsrechte ein einheitliches systematisches Ganzes setzte. Untersuchen wir nun einmal das Gesetz nach seinen Wirkungen und ziehen einen Vergleich mit den betreffenden Gesetzen anderer Staaten.

Da das Verhältniß des Besitzstandes nach den 3 Kategorieen, und der Zustand der Waldungen nach dem Besitze von entscheidender Bedeutung bei der Frage ist, wo und in wie weit die Staatsgewalt in die Bewirthschaftung eingreifen soll, so hat die Gesetzgebung diesen Faktoren auch ihre besondere Aufmerksamkeit zu schenken.

ad 1. Die Bestimmungen in dieser Beziehung sind in 4 Artikeln enthalten, sie interessiren uns hier nicht weiter.

ad 2. In Beziehung auf diese Waldungen gelten für die sieben rechtsrheinischen Kreise die Artikel 7—18 des Forstgesetzes von 1852 und die Vollzugsvorschriften von demselben Jahre, von den Ausnahmsverhältnissen später.

Der Art. 6 stellt als Grundsatz auf: „die Bewirthschaftung der Gemeinde- und Stiftungswaldungen steht unter der Oberaufsicht der Staatsregierung." Diese Oberaufsicht bezieht sich nun:

a) Auf die Aufstellung von Wirthschaftsplänen, welche durch

Sachverständige herzustellen sind, und der Genehmigung der Forstpolizeistelle unterliegen. Diese Pläne müssen sich auf Nachhaltigkeit stützen; die besonderen Bedürfnisse der Gemeinden sind zu berücksichtigen. — Von besonderer Wichtigkeit ist noch Art. 4 des Gesetzes, welcher auch auf diese Waldungen Anwendung findet: „Die Nebennutzungen dürfen keine die Holzproduktion gefährdende Ausdehnung erhalten."

b) Auf den Vollzug und die Ausführung. — Die Wahl des ausführenden Forsttechnikers steht den Gemeinden zwar frei, jedoch sind sie bei derselben in so fern gebunden, als sie entweder für sich allein oder mehrere vereinigt einen eigenen vom Staate geprüften — Concursprüfung für den Staatsforstdienst — Techniker aufzustellen, oder die Bewirthschaftung an einen benachbarten Sachverständigen, der im Dienste des Staats, anderer Gemeinden oder von Privaten steht, zu übertragen haben. Auch können sie mit der Staatsforstverwaltung wegen Uebernahme der Betriebsleitung durch einen k. Oberförster gegen einen verhältnißmäßigen Besoldungsbeitrag Vereinbarung treffen. — Die unentgeltliche Oberaufsicht des Staats wird durch die Forstämter und die höhern Inspectionsbeamten — Regierung, Ministerium — ausgeübt, und erstreckt sich außer der Mitwirkung bei Auffstellung der Wirthschaftspläne auch auf die Revision der jährlichen Betriebspläne und Nachweisungen aller Art, sowie auf Ueberwachung der ganzen Wirthschaftsführung.

c) Auf den Schutz. Art. 10. „Auch für die Handhabung des Forstschutzes haben die Gemeinden und Stiftungen zu sorgen und das erforderliche Schutzpersonal aufzustellen."

Die Wahl unterliegt der Genehmigung der Forstpolizeibehörde (Districtspolizeibehörde, Bezirksamt). Auch Uebertragung an benachbarte Schutzbedienstete des Staates oder von Gemeinden oder Privaten ist mit Genehmigung zulässig; gemeinschaftliche Schutzbezirke werden möglichst gefördert.

Die Hoheitsrechte in Beziehung auf den Wald.

Die Kosten der Betriebsleitung und des Schutzes tragen die Gemeinden.

Die Verfügung über die anfallenden Erträgnisse steht den Gemeinden vollständig frei; die Forstbehörden haben nur auf Anregung der Kuratelbehörde technische Gutachten abzugeben.

Ausnahmsverhältnisse bestehen:

1. In einigen Gebietstheilen des Regierungsbezirkes von Unterfranken und Aschaffenburg, in welchen gemäß Art. 16 „nach den daselbst zur Zeit bestehenden Gesetzen und Verordnungen die Bestellung der Gemeinde-, Revier- und Forsteiförster durch landesherrliche Ernennung, und die theilweise Besoldung derselben aus der Staatscasse gegen gewisse Leistungen von Seite der Gemeinden und Stiftungen erfolgt, verbleibt es bei dieser Einrichtung."

Ueber die Aufstellung der Wirthschaftspläne in diesen Waldungen besteht eine eigene Instruktion vom 12. Januar 1841.

2. In der Pfalz, auf welche das Forstgesetz vom Jahre 1852 keine Anwendung findet.

Die Gemeindewaldungen der Pfalz waren schon durch die französische Gesetzgebung unter die Oberaufsicht der Forstbehörden gestellt. Die Anleitung zur Geschäftsbehandlung der Gemeinde- und Stiftungswaldungen der Pfalz vom Jahre 1858 faßt alle nunmehr giltigen Bestimmungen zusammen und spricht in den allgemeinen Bestimmungen aus:

a) Die Gesetzgebung der Pfalz unterwirft die Bewirthschaftung der Gemeinde- und Stiftungs-Waldungen im Umfange des technischen Betriebs den vom Staate dazu bestellten technischen Organen.

b) Die Fürsorge für den Schutz, sowie die Verwendung der Wald-Erträgnisse sind dagegen den Gemeinde- und Stiftungs-Verwaltungen unter Aufsicht der zuständigen Verwaltungsbehörden überlassen.

c) Die Bewirthschaftung hat sich auf Nachhaltigkeit, daher auf bereits bestehende oder noch herzustellende Betriebspläne zu stützen.

Ad a) Die Reviere sind nach der Zusammenlage der Waldungen gebildet, so daß es zwar reine Communalreviere, aber auch Reviere mit Staats= und Gemeindewaldungen giebt. Der Communal= Oberförster wird ebenso wie der Aerarialoberförster, dem er in jeder Beziehung gleich steht, vom Könige ernannt. Die Gemeinden bezahlen nach Abzug des Aerarialzuschusses und der Pensionsbeiträge der k. Oberförster sämmtliche Besoldungs=, Pensions= und Alimentationsbezüge pro Rata der Waldfläche[1].

Die jährlichen Betriebspläne werden dem Bürgermeisteramte zur Abgabe von allenfallsigen Erinnerungen zugestellt, und vom Forstamte genehmigt.

Ad b) § 63 bestimmt: „die Gemeinden haben für den Forstschutz nur volljährige, befähigte und unbescholtene Individuen zu wählen resp. vorzuschlagen, deren Aufstellung und Gehaltsregulirung der Bestätigung des k. Bezirks und Forstamts, vorbehaltlich der Berufung an die k. Regierung unterliegt[2].

Vergleichen wir damit nun die gesetzlichen Bestimmungen anderer Länder.

1. In Preußen besteht in Beziehung auf die Bewirthschaftung der Gemeindewaldungen keine einheitliche Gesetzgebung, jedoch hat man bereits erkannt, daß die bestehenden gesetzlichen Vorschriften in den fünf ältern Provinzen des Staates ganz unzulänglich sind — siehe Motive zu dem am 28. Januar 1874 dem preuß. Herrenhause vorgelegten Gesetzentwurfe, betreffend die Erhaltung und Be=

---

[1] Die Beiträge der waldbesitzenden Gemeinden und Stiftungen betrugen 1873 pro Tagw. 15%/₁₀ kr., also pro Hect. 47%/₁₀ kr.

[2] Ueber die gesetzlichen Bestimmungen in Beziehung auf Gemeindewaldungen: Die Forstverwaltung Bayerns, München 1861; Dr. Roth. Handbuch des Forstrechts ꝛc., München 1863.

Die Hoheitsrechte in Beziehung auf den Wald. 141

gründung von Schutzwaldungen ꝛc. — und erstrebt eine Revision dieser Gesetzgebung.

Je nach dem das Aufsichtsrecht des Staates mehr oder minder ausgedehnt ist, lassen sich in Preußen verschiedene Gruppen unter-unterscheiden.

a) In den östlichen Provinzen: Preußen, Posen, Pommern, Schlesien, Brandenburg und dem größten Theile von Hannover erstreckt sich das Aufsichtsrecht nur auf die Erhaltung des Waldvermögens, und verwalten und bewirthschaften daher die Gemeinden ihre Waldungen ganz unbeschränkt.

b) In Sachsen, Westphalen und Rheinprovinz sind den Gemeinden ihre Waldungen zwar ebenfalls zur eigenen Verwaltung überlassen, sie sind aber nicht nur bezüglich der Veräußerungen und Rodungen ꝛc. an die Genehmigung der Bezirksregierung gebunden, sondern auch verpflichtet, die ganze technische Wirthschaft nach den von dieser Behörde genehmigten Etats zu führen und zur Verwaltung und zum Schutz der Waldungen gehörig ausgebildete, von der Regierung zu prüfende und zu bestätigende Beamte anzustellen.

Für 4 Regierungsbezirke sind speziellere Instructionen über die Verwaltung der Communal-Waldungen erlassen, und kann die Regierung sogar in Ermanglung freiwilliger Zustimmung für angemessen erachtete Communal-Forstverwaltungs-Verbände — Communal-Oberförstereien — organisiren und entsprechende Instructionen erlassen. Als technischer Organe zur Beaufsichtigung der Communal-Waldungen kann sich die Regierung der k. Forstbeamten bedienen.

Bei der Wahl der Schutzbeamten sind die Gemeinden rücksichtlich der Stellen, welche ein Diensteinkommen von 120—300 Thaler haben, an die forstanstellungsberechtigten Anwärter des Jägerkorps — also an geprüfte Förster — gebunden.

c) In den frühern Fürstenthümern Calenberg, Göttingen und Grubenhagen — Provinz Hannover — ebenso im vormaligen Herzogthum Nassau ist die technische Verwaltung der Gemeindeforsten in die Hände der Staatsforstbeamten — Oberförster und Oberforstbeamten — gelegt. Diese Beamten stellen sowol die allgemeinen als jährlichen Pläne auf und sorgen auch für die Ausführführung; sie weisen die zulässigen Nebennutzungen an. Für die Verwaltung bezahlen die Gemeinden an die Staatskasse pro Rata der Fläche einen bestimmten Beitrag.

Bei der Anstellung der Oberförster steht ihnen keinerlei Art von Mitwirkung zu.

In den hannoverschen Landestheilen stellen die Gemeinden die Forstschutzdiener nur an; in Nassau ernennt die Aufsichtsbehörde diese Bediensteten.

In beiden Landestheilen ist die Mitwirkung der Gemeinden bei der technischen Verwaltung darauf beschränkt, bei der Feststellung der allgemeinen und jährlichen Pläne mit ihren Wünschen gehört zu werden, und die Geldmittel bereit zu stellen.

Die Verwendung des gefällten Holzes ist den Gemeinden gänzlich überlassen.

d) In dem vormaligen Kurfürstenthum Hessen endlich steht die Leitung und Ausführung des Betriebes der Staatsforstbehörde in demselben Maße zu, wie in den landesherrlichen Waldungen.

Das Oberforstkollegium stellt die zur Ausübung des Forstschutzes erforderlichen Forstdiener an, und hat die Disciplinargewalt über dieselben. Die Mitwirkung der Gemeinden bei der Verwaltung ist darauf beschränkt, daß sie gegen beabsichtigte Wirthschaftsmaßregeln Vorstellungen erheben können.

Ueber das gefällte Material steht ihnen das Verfügungsrecht zu.

2. Im Großherzogthum Hessen, wo sich 30.5 pCt. der Waldungen im Besitze des Staates, 37.5 pCt. der Gemeinden und 32 pCt. der Privaten befinden, unterliegen die Gemeindewaldungen der Bewirthschaftung durch dieselben Organe wie die Domanialwaldungen.

Die Oberförstereien begreifen entweder Domanial- oder Communalwaldungen, oder beide zusammen, sind also nach der Zusammenlage der Waldungen gebildet.

Hinsichtlich des technischen Betriebes steht den Vorständen der Gemeinden nur eine berathende Stimme zu, jedoch ist auf deren Anrufen Intervention der Kreisämter zulässig.

Die Dienstbezirke der Forstwarte — Schutzbezirke — bestehen theils nur aus Domanialwaldungen, theils nur aus Communalwaldungen oder Privatwaldungen, theils sind sie gemischt. Die Zutheilung der beiden letzten Klassen zu der ersteren beruht auf Freiwilligkeit. Die Anstellung der Communal-Forstwarte steht den Gemeinden zu; Aufsichtsbehörde hat die Bestättigung. Findet eine Einigung nicht statt, so geht das Präsentationsrecht auf die Forstverwaltung über; auch kann die Höhe der Besoldung gegen den Willen der Gemeinde von der Aufsichtsbehörde festgesetzt werden.

Ueber die Natural-Ausgabe hat die Gemeindeverwaltung freie Verfügung.

3. In Baden, wo die Gemeindewaldungen 50 pCt. der Gesammtwaldfläche einnehmen, bestimmt das Forstgesetz vom Jahre 1855 folgendes:

§. 1. „Auch die von Gemeinden ernannten Forstbeamten sind den vom Staate aufgestellten Oberbehörden in Forstsachen untergeordnet."

§. 2. „Als Forstbeamte, einschließlich der Bezirksförster können nur Diejenigen angestellt werden, welche von der Staatsbehörde im Forstfache geprüft und für befähigt erklärt worden sind."

Die Anstellung der Forstbeamten der Gemeinden und Körperschaften bedarf der Staatsgenehmigung.

§. 6. „Wer zur Ausübung der Forstpolizei berechtigt ist, hat den damit verbundenen Kostenaufwand zu tragen."

Die Gemeinden zahlen, wenn die unmittelbare Beförsterung — Bewirthschaftung — ihrer Waldungen durch staats-, standes- oder grundherrliche Förster besorgt wird, eine durch das jeweilige Finanz-

gesetz zu bestimmende Zusatzsteuer, — welche dermalen 12 kr. pro Hect. beträgt — und nebstdem an die Förster die taxordnungs=
mäßigen Diäten. Die Eintheilung in Bezirksforsteien ist ohne Rück=
sicht auf den Besitzstand durchgeführt, wie in Hessen und der Pfalz.
Nur 10 Gemeinden haben noch besondere Bezirksforsteien.

§. 13. „Der jährliche Wirthschafts= und Kulturplan der Ge=
meinden wird von dem Förster und dem Gemeinderath gemeinschaft=
lich entworfen. Das Forstamt — jetzt wohl die Oberforstbehörde —
hat ihn zu prüfen, zu genehmigen und dessen Vollzug zu verfügen.

Bezüglich der Bewirthschaftung und Gewinnung von Forst=
nebenprodukten sind die Gemeindewaldungen den im Gesetze — §. 9
bis 55 — sehr ausführlich gegebenen Vorschriften unterworfen."

Mit der Verwerthung des Holzes hat die Forstbehörde sich
nicht zu befassen, sondern dieselbe dem Gemeinderath und Bürger=
ausschuß zu überlassen; jedoch müssen die Versteigerungsbedingnisse
vor der Bekanntmachung dem Förster zur Einsicht mitgetheilt, und
dessen Erinnerungen, so weit sie sich auf die Forstpolizei beziehen,
beachtet werden.

Die Wahl der Waldhüter wird von den Waldbesitzern ge=
troffen, und vom Bezirksamte nach Vernehmung der Forstbehörde
bestätigt. Der Gehalt der Waldhüter in Gemeindewaldungen wird
vom Gemeinderathe im Verhältniß der Größe des Forstes ꝛc. fest=
gesetzt, und vom Bezirksamte mit Zustimmung der Bezirksförster
genehmigt.

In Sachsen übt der Staat nur das Oberaufsichtsrecht aus,
das derselbe in Bezug auf die Verwaltung des Vermögens mora=
lischer Personen in Anspruch nimmt. Die Ueberwachung der Wirth=
schaft beschränkt sich also darauf, daß die jeweiligen Nutznießer das
Vermögen nicht unnachhaltig verwalten, damit es ungeschmälert
den spätern Mitgliedern der Gemeinde oder Korporation über=
geben, und daß den aufgestellten Wirthschaftsplänen auch wirklich
nachgekommen werde. Die betreffenden Oberforstmeister — Forst=

Die Hoheitsrechte in Beziehung auf den Wald.

meister — revidiren von Zeit zu Zeit den Zustand der Gemeinde=
waldungen.

In Württemberg wurde am 2. Januar 1874 ein Gesetz=
entwurf über die Bewirthschaftung und Beaufsichtigung der Wal=
dungen der Gemeinden, Stiftungen und sonstigen öffentlichen
Körperschaften der landständischen Berathung und Beschlußfassung
unterstellt.

Im Allgemeinen schließt sich dieser Entwurf dem bayer. Forst=
gesetze von 1852 — für die rechtsrheinischen Kreise — an. Die
Vereinigung der Gemeindewaldungen mit den Staatswaldungen zu
gemeinschaftlichen Verwaltungsbezirken — Pfalz, Hessen,
Baden, Elsaß — würde als eine zu weit gehende Beschränkung der
Gemeinde=Autonomie keinen Anklang gefunden haben, besagen die
Motive.

Nach diesem Entwurf[1]) hat sich die Bewirthschaftung auf
Wirthschaftspläne, deren Prinzip Nachhaltigkeit ist, zu stützen. Die
Nebennutzungen müssen auf das Maß beschränkt werden, bei welchem
die Erhaltung der standortsgemäßen Holz= und Betriebsart nicht
gefährdet wird. Sowol diese Wirthschaftspläne als die jährlichen
Betriebspläne werden der Gemeindeverwaltung vorgelegt.

Die Aufstellung der Pläne, die Ausführung derselben und die
technische Bewirthschaftung hat durch Sachverständige zu geschehen,
welche die Befähigung für den Staatsforstdienst erlangt haben
müssen.

Die Wahl bleibt den Gemeinden überlassen, und zwar für
eine oder mehrere. Wird die Anstellung unterlassen, so geht die
technische Betriebsführung an die Organe des Staates über; ebenso
kann freiwillige Vereinigung stattfinden. Als Ersatz für die Betriebs=
führung ist ein Beitrag von jährlich 28 kr. pro Hectare zu entrichten.

---

[1]) vide Aprilheft der Monatschrift für Forst= und Jagdwesen von
Dr. Baur, mitgetheilt von dem Revierförster Graner.

Die Wahl der Forstschutzdiener steht ebenfalls den Gemeinden zu, jedoch können dieselben wegen Unbrauchbarkeit ꝛc. durch gemeinschaftliche Verfügung des Forstamtes und Oberamtes entlassen werden.

Auch die Uebertragung des Schutzes an das Personal des Staates gegen Entschädigung ist gestattet.

In Frankreich und also auch noch im Elsaß sind nach dem Code forestier, Art. premier die Waldungen der Gemeinden und Stiftungen dem „régime forestier" unterworfen. Die Verwaltungsbezirke sind ohne Rücksicht auf die Besitzer — Private ausgenommen — gebildet, so daß es sowol reine Communalreviere wie auch gemischte giebt. Die Anstellung der Verwalter — gardes généraux — erfolgt durch den Staat, ebenso die Bezahlung. Für die Kosten der Administration — Art. 106 und 107 abgeändert durch das Gesetz vom 25. Juni 1851 — zahlen die Gemeinden an den Staat einen bestimmten Beitrag.

Die Bewirthschaftung stützt sich auf Wirthschaftspläne. Der technische Betrieb liegt vollständig in den Händen der Forstverwaltung, welche übrigens den allgemeinen gesetzlichen Bestimmungen bezüglich der Auszeichnung und dem Anschlagen ꝛc. der Holzhiebe — Assiètes, Arpentages, Balivages, Martelages — unterworfen ist.

Die Verwendung des angefallenen Materials steht den Gemeinden zu, bezüglich des Verkaufs sind sie jedoch an die gesetzlichen Bestimmungen — Adjudications des Coupes — gebunden.

Die Waldhüter — gardes forestiers — werden zwar von dem Gemeinderathe gewählt, jedoch von der Forstverwaltung bestätigt. Im Falle von Meinungsverschiedenheit entscheidet der Präfect.

Wir ersehen aus dieser kurzen Darstellung der gesetzlichen Bestimmungen in Beziehung auf die Organisation der Gemeindeforstverwaltung, daß ein ziemlich weit gehender Unterschied in der Art und Weise besteht, wie die Staatsgewalt ihr Aufsichtsrecht, das überall anerkannt ist, ausübt. — Wir können drei Gruppen unterscheiden:

Die Hoheitsrechte in Beziehung auf den Wald. 147

a) Aufsichtsrecht beschränkt sich auf Erhaltung des Waldvermögens, also Rodungs- und Devastationsverbot; sonst verwaltet die Gemeinde ihre Waldungen unbeschränkt. Zu dieser Gruppe gehören die früher erwähnten Provinzen von Preußen, Sachsen und bis jetzt auch Württemberg.

b) Aufsichtsrecht dahin ausgedehnt, daß die Staatsgewalt die Aufstellung technisch gebildeter, von ihr geprüfter Wirthschaftsbeamten verlangt, jedoch die Wahl derselben den Gemeinden überläßt; ihnen auch frei stellt, ob sie einen eigenen Förster anstellen, ob sie Communalforstverwaltungsverbände herstellen, oder mit der Staatsforstverwaltung ein Abkommen bezüglich der Uebernahme durch ihre Organe treffen wollen. Aufstellung von Wirthsschaftsplänen, Controle durch die inspicirenden Staatsforstbeamten, Wahl der Schutzbediensteten durch die Gemeinden; Bestättigung durch die Aufsichtsbehörde.

Zu dieser Gruppe: Einige Provinzen von Preußen, die rechtsrheinischen Kreise Bayerns, der Entwurf Württembergs.

c) Die Staatsgewalt regelt die Verwaltungsbezirke nach der Zusammenlage ohne Rücksicht auf den Besitz, ernennt die Wirthschaftsbeamten ebenso wie ihre eigenen Beamten und erhebt für die Beförsterung einen Beitrag. Bei der technischen Verwaltung ist die Mitwirkung vollständig beschränkt auf mehr oder minder formelle Zustimmung und Abgabe von Erinnerungen, Vorstellungen ꝛc.

Die Gemeindeverwaltung wählt die Forstschutzbeamten vorbehaltlich des Gutachtens und der Bestätigung der Forst- und Aufsichtsbehörde; theilweise sogar Ernennung durch diese Behörden. — Zu dieser Gruppe gehören: Nassau, Hessen, Baden, Pfalz und die erwähnten Theile des bayer. Kreises Unterfranken.

Gemeinschaftlich haben die drei Gruppen, daß sie der Gemeindeverwaltung das vollständig freie Verfügungsrecht über das angefallene Material überlassen.

Daß das Aufsichtsrecht, wie es Gruppe 1 ausübt, vollständig

unzureichend ist, geht schon daraus hervor, daß Preußen und Württemberg dasselbe ausdehnen wollen.

In den dem preuß. Gesetzentwurfe vom 28. Januar 1874 beigegebenen generellen Grundsätzen heißt es unter andern: „Die jeweiligen Gemeindeglieder sind nur die Nutznießer. Bezüglich der Ausnutzung steht das dauernde, nachhaltige Interesse der Gesammtheit mit den Interessen der jeweiligen Generation nicht selten im Widerstreite. Die Nachtheile einer Ueberwachung springen nicht sofort in die Augen 2c."

In den württembergischen Motiven zum Gesetzentwurf vom 2. Januar 1874 ist ausgesprochen, daß sich die Vorlage durch die Thatsache rechtfertigt, daß die meisten Körperschaftswaldungen, insbesondere diejenigen der kleinen Landgemeinden, einer rationellen forsttechnischen Bewirthschaftung entbehren, und daß die Aufsichtsbehörden häufig nicht in der Lage sind, mit Erfolg einzugreifen.

Daß die Bewirthschaftung und der Zustand der Gemeindewaldungen in Bayern im Allgemeinen ein durchaus unbefriedigender ist, geht aus der Tabelle A hervor. Wenn wir uns fragen, woher dies kommt, so müssen uns sofort zwei Uebelstände auffallen: 1) die Ausnutzung auf alle Waldprodukte: Holz, Streuwerk, Gras und Weide, 2) der mangelhafte Forstschutz. — Wie unverträglich eine derartige Ausnutzungsweise — Raubwirthschaft — mit jeder rationellen Forstwirthschaft ist, und daß alle Waldungen, welche einer derartigen Mißhandlung unterworfen werden, in den sinkenden Zustand kommen müssen und ihr gänzlicher Ruin also nur eine Frage der Zeit ist, haben wir bereits bewiesen. Die Nothwendigkeit einer Aenderung dieser Wirthschaft liegt also klar vor Augen. — Interessant und belehrend in Bezug auf das was geschehen muß, ist die Untersuchung der Thatsache, daß die Gemeindewaldungen trotz der Aufsicht der Staatsforstverwaltung und sogar unter ihrer Verwaltung im Ertrage so gesunken sind.

Die Hoheitsrechte in Beziehung auf den Wald. 149

Wenn der Art. 4 des bayer. Forstgesetzes vom Jahre 1852 klar und deutlich ausspricht: „daß die Nebennutzungen keine die Holzproduktion gefährdende Ausdehnung erhalten dürfen," so hätte bei strenger Auslegung dieses Art. die Streunutzung niemals so weit ausgedehnt werden dürfen. Daß man aber die devastirende Wirkung der Streunutzung selbst von forstlicher Seite nicht genug kannte oder beachtete, oder bei Berathung der Bestimmungen bezüglich der Ausübung dieser Nutzung mit strengern Maßregeln gegenüber der Oberaufsichtstelle nicht durchdringen konnte, beweisen die Bestimmungen der Anleitung zur Geschäftsbehandlung 2c. der Gemeindewaldungen der Pfalz bezüglich der Ausübung der Streunutzung, denn: „ein Wechsel in der Fläche der rechbaren Bestände, welcher bei Kiefern, Lärchen und Birken in feuchtem, frischem Boden nicht unter **drei** Jahren, in trockenem Boden nicht unter **sechs** Jahren; bei Buchen, Eichen, Weißtannen und Fichten, in feuchtem, frischem Boden nicht unter **sechs** Jahren, in trockenem Boden nicht unter **zehn** Jahren betragen darf," ist für die **Erhaltung des Waldbodenvermögens** vollständig unzulänglich. Der §. 54 aber welcher sagt: „Sind Abweichungen von den dort aufgestellten Grundregeln unvermeidlich, so ist doch immer darauf zu halten, daß die jüngern Bestände (III., IV. Altersklasse) von der Rechstreunutzung ausgeschlossen bleiben und die Laubholz-Hochwaldbestände, bei einem mindestens 5jährigen Wechsel, in keinem Falle vor dem 40.; die Kiefernbestände aber, bei mindestens 3jähr. Wechsel, nicht vor dem 30. Jahre in die rechbare Fläche eingestellt werden," stellt sich mit dem — „sind Abweichungen nothwendig" — einfach auf dem landwirthschaftlichen Standpunkt.

Wenn die äußern Forstbeamten diesen Bestimmungen gegenüber, von der Handhabe die ihnen der „trockene" Boden, und „die möglichste Verschonung der sehr vermagerten und den Einwirkungen der Sonne blosgestellten Orte," bot, nicht häufig Gebrauch gemacht haben, so ist dies wol erklärlich, wenn man bedenkt, daß es

Zeiten gegeben hat, wo die Forstverwaltung gegenüber den klagenden Gemeinden nicht immer Recht behielt, und daß schon eine seltene Energie dazu gehört, strenge Maßregeln durchzusetzen, wenn sie von oben nicht beliebt sind; — solche „unverträgliche Charaktere" welche sich einer „mildern Praxis" nicht bequemen wollen, ziehen sich nur die Feindschaft der Bevölkerung zu. Bei dieser mildern Praxis spielen die Notjahre — und wie selten ist ein Jahr ohne Streunoth — eine Hauptrolle, und so wurde bisher die Schonung zur Ausnahme. Der Wald war und ist heute noch in vielen Gemeinden die Parole bei den Wahlen, und namentlich in den Gemeinden der Vorderpfalz werden in der Regel sog. Strehsel=Bürgermeister gewählt d. h. also Gemeindevorstände, welche sich verpflichten den Kampf mit der Forstverwaltung für die Ausdehnung der Streunutzung aufzunehmen oder fortzusetzen, oder um es scharf aber wahr auszudrücken, welche sich verpflichten, zum Ruin eines kostbaren Gemeindegutes, des Waldes, mitzuwirken.

Bezüglich des Forstschutzes d. h. der Wahl der Bediensteten sind die Bestimmungen ebenfalls unzureichend, denn die Gemeinden sind zwar an die Wahl von befähigten Individuen gebunden, auch muß die Wahl bestätigt werden, da aber der Ausdruck „befähigt" nicht definirt, ja nicht einmal bestimmt ist, wer über die „Befähigung" zu entscheiden hat, und weil die Besoldungen in der Regel höchst unzureichend normirt sind und sich also tüchtige Leute nicht melden, so werden in der Regel sehr mangelhaft oder gar nicht befähigte Individuen gewählt und bestätigt. Hiezu kommt noch, daß jede Aufbesserung des Gehaltes durchaus von dem guten Willen des Gemeinderathes abhängt, und in der Regel nur gewährt wird, wenn der Waldhüter nicht zu „streng" ist. Man könnte Beispiele anführen, wo den Waldhütern die von der Forstverwaltung begutachtete Gehaltsmehrung erst dann gewährt wurde, als sie sich längere Zeit einer „mildern Praxis" in Beziehung auf den Forstschutz befleißigten.

Von welchem Principe man bei der gesetzlichen Regelung der

Bewirthschaftung der Gemeindewaldungen ausgehen muß, ist unschwer aus dem Begriffe des Gemeindevermögens abzuleiten. Das Gemeindevermögen ist nicht Eigenthum der jeweiligen Generation, sie ist nur Nutznießerin, und hat also als solche kein Recht, dasselbe aufzuzehren, ja überhaupt nur zu vermindern. Dieses unbestreitbare Princip auf die Waldungen angewendet, hat die Staatsgewalt nicht bloß das Recht, sondern sogar die Pflicht, solche Vorschriften für die Behandlung und Benutzung der Gemeindewaldungen zu geben, daß jeder Mißbrauch der jeweiligen Generation in Beziehung auf die Ausnutzung unmöglich wird. Jede, wenn auch noch so beschränkende Maßregel, welche zur Erreichung dieses Zweckes nothwendig erscheint, ist nicht bloß rechtlich zulässig, sondern sogar geboten. Dieser Begriff des Gemeindevermögens hat bei den andern Besitztiteln — Grundstücken, Kapitalien — schon Anwendung gefunden, denn die Gemeinden können Grundvermögen ohne Genehmigung der Aufsichtsbehörde nicht veräußern, und dürfen nur die Zinsen der Kapitalien für sich verwenden; und sogar bezüglich des Waldes hat dieser Grundsatz überall bei der **Hauptnutzung** Geltung, denn die Wirthschafspläne sollen sich auf **Nachhaltigkeit** stützen, d. h. es soll nur der **jährliche Durchschnittszuwachs, die Zinsen des stockenden Holzkapitals**, zur Nutzung gezogen werden. Das Holzkapital ist aber nur das Produkt des Bodenkapitals d. h. der Summe der im Boden enthaltenen Nährstoffe, daher auch jede Streunutzung, welche das Bodenkapital ergreift, ein wahrer Hohn auf die Nachhaltigkeit ist. Der Wald muß aber auch ohnedies aus einem andern Gesichtspunkte wie das übrige Gemeindevermögen betrachtet werden, denn die Nachtheile einer Uebernutzung lassen sich nicht sofort erkennen, und was noch viel gefährlicher ist, die langsam zerstörenden Wirkungen der Streunutzung entziehen sich dem Auge des Laien oft so lange, bis es zu spät ist, so daß nicht bloß die gegenwärtigen, sondern namentlich auch die folgenden Generationen unheilbaren Schaden haben, da es Jahrhunderte bedarf, bevor an die Stelle von kahlen Bergen wieder Waldungen treten. Es ist eine Erfahrung, die in allen Staaten gemacht wurde, daß der Egoismus des Einzelnen, das Gemeindevermögen für sich auszunutzen, viel stärker ist, als der Trieb, dasselbe für die Zukunft zu erhalten; dieser Egoismus geht bezüglich des Waldes so weit, daß viele glauben, einen großen Gewinn gemacht zu haben, wenn sie eine größere Nutzung aus dem Walde beziehen als ihre Nachbarn. — Der Gemeindewald steht bezüglich seines Eigenthumscharakters dem Staatswalde viel näher als dem Privatwalde, er ist ein „halb öffentlicher Wald," wie die Motive zu dem erwähnten preuß. Gesetzentwurfe so richtig sagen. — Die Staatsgewalt ist aber um so mehr befugt und verpflichtet, zur guten Erhaltung der Gemeindewaldungen gesetzliche Maßregeln zu ergreifen, wenn die Gemeindewaldungen einen so namhaften Theil der Waldbestockung — 15 pCt. — wie in Bayern ausmachen, und wenn sie, wie namentlich z. B. in der Vorderpfalz, die Kuppen und Höhenzüge der Berge einnehmen. — Sie handelt in diesem Falle nicht blos als Aufsichtsbehörde über das Gemeindevermögen, sondern gleichzeitig in ihrer Eigenschaft als Wohlfahrtspolizei, welche zu verhüten hat, daß der Allgemeinheit durch Handlungen von Einzelnen unersetzbarer, nachhaltiger Schaden zugefügt wird.

Die Staatsgewalt wird von dem ihr unzweifelhaft zustehenden Rechte, auch in die Privatforstwirthschaft einzugreifen, erst dann Gebrauch machen können, wenn sie bezüglich der Staats- und Gemeindewaldungen alle Maßregeln ergriffen hat, welche nothwendig sind, um dieselben in einem normalen Zustande zu erhalten oder in einen solchen zu bringen; so lange der Privatwaldbesitzer auf die benachbarten Gemeindewaldungen hinweisen und sagen kann, daß auch hier unter den Augen oder gar der Verwaltung des Staatsforstpersonals eine schleichende Devastationswirthschaft getrieben wird, so lange hat die Staatsgewalt wol die Gewalt, aber gewiß nicht das Recht, in die Wirthschaft des Einzelnen einzugreifen.

Die Hoheitsrechte in Beziehung auf den Wald. 153

Wenn nun aus dem Zustande und dem geringen Ertrage der Gemeindewaldungen der Schluß gezogen werden kann, daß die bestehenden gesetzlichen Vorschriften nicht genügen, so dürfte es auch an der Zeit sein, Abänderungen zu treffen. Die zweckmäßigste und für die Gemeinden wohlfeilste Art der Beförsterung ist die Einrichtung wie sie in Nassau, Hessen, Baden und bayer. Pfalz besteht. Die Bildung von Revieren — Oberförstereien — sowohl aus Staats- als auch aus Staats- und Gemeindewaldungen, oder auch Gemeindewaldungen allein, je nach der räumlichen Zusammenlage ist in Beziehung auf die Entfernungen: Arbeitstheilung; auch ist der Eingriff in die Gemeinde-Autonomie nur scheinbar ein größerer, als wie bei Gruppe c, denn wenn der Staat bestimmt, daß nur solche Wirthschafter angestellt werden dürfen, welche die Prüfung für seinen Dienst bestanden haben, so zwingt er die Gemeinden in den weitaus meisten Fällen, den benachbarten k. Oberförster nicht zu wählen, sondern zu nehmen.

Die Bildung von eigenen Communaloberförstereien — preuß. Reg.-Bezirke: Trier, Coblenz, Arnsberg und Minden — hat aber den großen Nachtheil, daß die Oberförstereien in Beziehung auf räumliche Zusammenlage der Waldungen in der Regel viel zu ausgedehnt werden, da man kleine Oberförstereien der großen Kosten wegen vermeiden will.

Die Bildung der Oberförstereien nach dem System Gruppe c hat die Ernennung und Besoldung der Verwaltungsbeamten durch die Regierung zur unmittelbaren Folge; eine Einrichtung, die der sog. freien Wahl gewiß vorzuziehen ist.

Verlangt man bei der Einrichtung der Bildung von Communal-Oberförstereien von den betreffenden Oberförstern eine eigene Prüfung, bei welcher weniger Kenntnisse als bei der Prüfung für den Staatsforstdienst vorausgesetzt werden, so kann dies gewiß nur nachtheilig wirken, da man damit den Gemeinden sagt, daß es nicht nothwendig sei, ihre Waldungen so sorgsam zu bewirthschaften wie die Staatswaldungen; auch gewinnt das Ansehen der betreffenden Beamten gewiß nicht, wenn sie von ihren benachbarten Collegen vom Staatsdienst als „dii minorum gentium" betrachtet werden.

Der technische Betrieb, über den ja doch auch nur ein Techniker ein Urtheil haben kann, muß vollständig in den Händen des Revierverwalters liegen, dagegen soll er derselben Inspection und Controle wie die Staatsforstbeamten unterliegen. — Die allgemeinen Wirthschafts= sowie die jährlichen Betriebspläne sollen der Gemeindeverwaltung zur Abgabe von Erinnerungen und Vorstellungen zugestellt werden, sowie ihr überhaupt jeder Zeit der Recurs an die oberen Behörden zustehen muß.

Die vollständig freie Verfügung über des gewonnene Material ist der Gemeindeverwaltung bereits in richtiger Erkenntniß überall zugestanden; sie soll hier nur an den Beirath der technischen Organe gebunden sein.

Bezüglich der Nebennutzungen, namentlich der Streunutzun muß das Gesetz bestimmen, daß sie unter keiner Bedingung — nicht sind Abweichungen unvermeidlich — so weit ausgedehnt werden dürfen, daß die Hauptnutzung dadurch geschmälert wird; das Urtheil über das zulässige Maß dieser Ausdehnung steht für jeden einzelnen Fall nur der Forstverwaltung zu, welche danach zu streben hat, die Streunutzung möglichst gänzlich zu beseitigen.

Gesetzliche Bestimmungen, welche in's Spezielle der Streunutzung eingehen und Alter des Beginnes, des Wechsels rc. bestimmen — wie z. B. Art. 41 des badischen Forstgesetzes oder § 53 der schon erwähnten Anleitung für die Geschäftsbehandlung der Gemeinde=Waldungen der Pfalz, — sind deßwegen bedenklich, weil eine Aenderung von solchen Bestimmungen mit vielen Umständen verbunden ist. Die obige allgemeine Bestimmung energisch durchgeführt, erlaubt die nothwendigen Modifikationen, und die allmählige Einschränkung; sie genügt vollständig, wenn der Vollzug den technischen Organen anvertraut ist.

Die Hoheitsrechte in Beziehung auf den Wald.

Die Wahl der Forstschutzbeamten steht beinahe überall der Gemeindeverwaltung zu, und doch ist dies sehr bedenklich, denn der ungenügende Schutz ist unstreitig eine der Ursachen des schlechten Zustandes der Gemeindewaldungen.

Wenn man in Betracht zieht, daß in den Landgemeinden — und sie bilden ja hauptsächlich die Waldbesitzenden — sehr häufig 90 pCt. der Bewohner, und also auch immer wenigstens ein Theil der Gemeinderäthe ıc., welche den Waldhüter wählen und entlassen, den Wald benutzen, so wird die Forderung auch hier eine Ausnahme von dem allgemeinen Grundsatze der Autonomie der Gemeinden zu machen, nicht ungerechtfertigt erscheinen.

Die Ernennung der Waldhüter durch die Gemeinden selbst wird aber um so bedenklicher, wenn die Wahl nicht auf eine geprüfte Kategorie von Leuten, — wie z. B. in Preußen auf die forstanstellungsberechtigten Anwärter des Jägercorps — beschränkt ist, und wenn jede Gehaltsmehrung oder Theuerungszulage ıc. von dem guten oder schlechten Willen der Gemeindeglieder abhängt, denn wer weiß, wie sich die Verwandtschaft oft durch ganze Ortschaften ausdehnt, der wird auch begreiflich finden, daß indirekt beinahe jeder Bürger über den Waldhüter zu Gericht sitzt.

Daß die Wahl der Forstschutzdiener durch die Gemeinden große Uebelstände nach sich zieht, darüber sind nicht blos alle Forstbeamten[1], sondern auch die meisten Verwaltungsbeamten einig. Kann man sich trotz alledem nicht dazu verstehen, die Wahl dem Einvernehmen der Forstverwaltung und der Aufsichtsbehörde zu überlassen, so treffe man wenigstens folgende Bestimmungen:

a) Die Forstverwaltung hat die sich meldenden Candidaten zu prüfen, und aus der Reihe der geprüften der Gemeinde 2 oder 3 zur Wahl vorzuschlagen.

---

[1] Stimme aus Hessen im Februar-Heft der Allg. Forst- und Jagdzeitung 1873.

b) So lange nicht geprüfte Anwärter — z. B. Preußen — vorhanden sind, werden bestimmte Normen für die Bezeichnung „befähigt" gegeben.
c) Sollten sich um die festgesetzte Besoldung keine befähigten Individuen melden, so muß dieselbe erhöht werden.
d) Der Grundsatz der Alterszulagen wird angenommen, und findet das Vorrücken in die höhere Klasse ohne Genehmigung des Gemeinderathes auf Begutachtung der Forstbehörde statt; Recurs der Gemeindeverwaltung natürlich vorbehalten.
e) Ausnahmen sind nur zulässig bei ganz kleinem Waldbesitze, und wenn eine Vereinigung des Waldschutzes mit dem des Staates, anderer Gemeinden oder Privaten nicht möglich ist.

In so lange für die Gemeindewaldungen keine besser geschulten und zuverlässigeren Forstschutzdiener angestellt werden, oder werden können, wäre es sehr zweckmäßig, wenn die Einrichtung getroffen werden könnte, daß bei jedem Reviere ein jüngerer, geprüfter Förster zur Controle des Forstschutzes und Aushilfe im schriftlichen Dienste 2c. angestellt würde. Wenn man bedenkt, wie äußerst wichtig — zweiter Grund des Rückganges — die strenge Controle des Forstschutzes in den Gemeindewaldungen, und wie mühselig und beschwerlich gleichzeitig für einen ältern Mann sie ist, so wird man diesen Vorschlag weder unpraktisch noch überflüssig finden, insbesondere, wenn noch in Betracht gezogen wird, daß bei der dermaligen Einrichtung der Oberförster den ganzen schriftlichen Dienst allein besorgen muß, und daß er also während der Betriebszeit so in Anspruch genommen ist, daß ihm keine Zeit zur Controle des Schutzes bleibt. — Der nothwendige Mehraufwand kann sehr leicht durch Vergrößerung einzelner Reviere gedeckt werden.

Man wird nun sehr geneigt sein, diese Vorschläge als Einschränkungen des Selfgouvernments der Gemeinden zu erklären und zu verwerfen, aber, wenn man bedenkt, daß es sich hier nicht blos um das **kostbarste Gut der Gemeinden**, sondern nicht selten noch um ein Objekt handelt, dessen Erhaltung im Interesse der gesammten Volkswohlfahrt liegt, so wird man sie von einem andern Gesichtspunkte betrachten. — Man lasse den Gemeinden in allen Dingen freie Hand, wo das Interesse jedes Einzelnen und der Einzelnen gegen einander nicht so sehr in's Spiel kommt wie beim Walde; wo der Schaden einer verkehrten Einrichtung 2c. bald zu **Tage tritt und diejenigen trifft**, welche aus Unkenntniß oder in gewinnsüchtiger Absicht **dieselben in's Leben gerufen haben.** Wenn man die Dinge nimmt, wie sie sind, und nicht, wie sie sein könnten oder sollten, so wird man sich sagen müssen, daß in der Hauptsache nur städtische Verwaltungen so intelligent sind, daß man ihnen auch in Waldfragen ganz freie Hand lassen kann und selbst hier soll der Wald nicht selten bei Wahlen herhalten. In Landgemeinden und namentlich in solchen, welche glauben, ohne Streuwerk nicht existiren zu können, gibt es in Beziehung auf den Wald keine Einsicht, oder die wenigen Einsichtigen wagen nicht ihre Ansicht auszusprechen.

Es muß leider constatirt werden, daß Belehrung und Aufklärung in dieser Frage bisher noch nichts gefruchtet haben, und daß nur strenge, gesetzliche Maßregeln den hart bedrohten Wald schützen können. Der Weinbauer setzt solchen Belehrungen sein Interesse gegenüber, das sich in folgenden Worten kund gibt: „Das ist alles recht, aber **wir müssen han — haben — und die nach uns kommen, können auch sehen, wie's ihnen geht;**" glaubt man solchen Grundsätzen gegenüber mit Belehrung den Wald zu retten? Die Forstwirthe haben diesen harten Kampf für den Wald, der ihnen wahrlich keine Popularität eingebracht hat, bisher beinahe allein durchgefochten; manche sind schon matt und gleichgiltig geworden, und lassen den Dingen ihren unabänderlichen Verlauf; es ist höchste Zeit, daß sie eine feste, gesetzliche Handhabe bekommen in diesem wenig erfreulichen Streit[1]).

Die dritte Hauptkategorie von Waldungen sind: die **Privatwaldungen**. Dieselben nehmen in Bayern 49 pCt. der Gesammtwaldfläche ein, und ihr Zustand kann daher unter Umständen von höchster Bedeutung für das allgemeine Landeskulturinteresse, und also für die Gesammtwohlfahrt sein.

Ueber ihren dermaligen Zustand und ihre Ertragsverhältnisse geben der Abschn. V und die Tab. A und B nähern Aufschluß.

Die gesetzlichen Bestimmungen in Beziehung auf die Privatwaldungen enthält hauptsächlich die dritte Abtheilung des Gesetzes von 1852. Es sind dies die forstpolizeilichen Bestimmungen, welche die Ausnahmen vom Art. 1, welcher die freie Benutzung ausspricht, enthalten.

Artikel 35 sagt: „Gänzliche oder theilweise Rodungen (Ausstockungen) sind erlaubt, wenn:

1. die auszustockende Fläche zu einer bessern Benutzung, insbesondere für Feld-, Garten-, Wein- oder Wiesenbau, unzweifelhaft geeignet;
2. das Fortbestehen des Waldes nicht zum Schutze gegen Naturereignisse nothwendig ist; und
3. die Forstberechtigten in die Rodung eingewilligt haben.

Art. 36 erklärt als Schutzwaldungen im Sinne von Art. 35 Ziffer 2:

1. „Waldungen auf Bergkuppen und Höhenzügen, an steilen Bergwänden, Gehängen und sogenannten Leiten;
2. Auf Steingerölle des Hochgebirges, auf Hochlagen der Alpen und in alten Oertlichkeiten, wo die Bewaldung zur Verhütung

---

[1]) Die dritte Versammlung deutscher Forstmänner zu Freiburg im B. im Jahre 1874 hat in der zweiten Sitzung eine Resolution gefaßt, welche die Beförsterung durch die Staatsforstbeamten als das zu erstrebende Ziel hinstellt.

Die Hoheitsrechte in Beziehung auf den Wald.

von Bergstürzen und Lawinen dient, oder wo durch die Entfernung des Waldes den Sturmwinden Eingang verschafft würde;

3. In Ortslagen, wo von dem Bestehen des Waldes die Verhütung von Sandschollen oder die Erhaltung der Quellen oder Flußufer abhängig ist."

Art. 40 untersagt den kahlen Abtrieb in Schutzwaldungen. Die Art. 41 bis 44 enthalten Bestimmungen bezüglich der Waldabschwendung, Walddevastation, Waldweide 2c.; wie werden wir später sehen.

Für die Behandlung der Privatwaldungen in der Pfalz, wo das Forstgesetz vom Jahre 1852 keine Geltung hat, enthalten Bestimmungen: das Gesetz vom 9. Flor. XI. (9. Mai 1803), die Decrete vom 15. April 1811 und vom 6. Nov. 1813, die Verordnung der gemeinschaftlichen Landesadministrationen vom Jahre 1814, und eine Verordnung vom Jahre 1854. — Diese zerstreuten Verordnungen enthalten nun allerdings verschiedene Bestimmungen bezüglich der Rodung, der Schonung der Schläge 2c., jedoch ist nur die Rodung mit Strafe belegt, die Bestimmungen bezüglich der Waldbehandlung sind durch Strafgesetze nicht gesichert. — Thatsächlich ist die Bewirthschaftung der Privatwaldungen vollständig frei.

In Preußen, wo der Privatwaldbesitz sehr ausgedehnt ist[1]), besteht in den Landestheilen, in denen das allgemeine Landrecht und mit diesem das Landeskulturedikt vom 14. Feb. 1811 Geltung hat, ein Aufsichtsrecht des Staates über diesen Besitz gar nicht. — Der § 4 des Kulturedikts bestimmt: „Die Einschränkungen, welche theils das allgemeine Landrecht, theils die Provinzial-Forstordnungen in Ansehung der Benutzung der Privatwaldungen vorschreiben, hören

---

[1]) Nach von Hagen, Seite 5, beträgt derselbe 59 pCt.; jedoch ist dieses Verhältniß sehr verschieden, denn Münster mit 96 pCt. und Danzig mit 6 pCt. Privatwaldungen stehen weit auseinander.

gänzlich auf. Die Eigenthümer können solche nach Gutbefinden benutzen und sie auch parzelliren und urbar machen, wenn ihnen nicht Verträge mit einem Dritten oder Berechtigungen entgegenstehen."

In den neu erworbenen Landestheilen sind die gesetzlichen Bestimmungen in Beziehung auf die Privatwaldungen sehr verschieden.

In der Rheinprovinz gelten theilweise die schon bei der Pfalz erwähnten Gesetze und Verordnungen, sind jedoch vollständig außer Anwendung gekommen[1]).

In Nassau darf die Regierung Vorkehrungen gegen die Zerstörung oder gänzliche Ausrottung treffen. Die Eigenthümer sind verpflichtet, dem Oberforstbeamten über die jährlichen Fällungen 2c. Auskunft zu geben, jedoch nicht verbunden, abändernde Vorschriften desselben, in so fern dieselben nicht die Beseitigung devastirender Maßregeln betreffen, anzunehmen und zu befolgen.

In Kurhessen soll die Oberforstbehörde keine Devastation zulassen.

In Hessen-Homburg ist Devastation untersagt, und bei einem Besitze von mehr als 20 Morgen müssen Fällungs- und Kulturpläne vorgelegt werden.

Die badische Gesetzgebung spricht zwar im § 87 den Grundsatz aus: „den Privatwaldbesitzern steht die freie Benutzung und Bewirthschaftung ihrer Waldungen zu." Dieser Grundsatz wird aber durch folgende Paragraphen, an deren Vorschriften sie gemäß § 88 gebunden sind, bedeutend modifizirt:

§ 29. „Kein Theil des Waldes darf öde gelassen werden, alle unnöthigen Pfade, Wege und Triften sollen eingehen und der Boden zu Wald angelegt werden."

§ 89 verbietet die Ausstockung eines Waldes ohne Erlaubniß, sowie die Zerstörung oder Gefährdung desselben durch ordnungswidrige Bewirthschaftung 2c. 2c.

---

[1]) von Hagen, Seite 50.

Die Hoheitsrechte in Beziehung auf den Wald. 161

Die Vollzugsverordnung zu diesem Gesetze hebt den im § 87 desselben enthaltenen Grundsatz eigentlich gänzlich auf, denn § 1 lautet: „die Privatwaldbesitzer sind kraft der ihnen nach § 87 des Gesetzes zustehenden freien Benutzung und Bewirthschaftung ihrer Waldungen nur zu einer forstwirthschaftlichen d. h. zu einer solchen Behandlung ihrer Waldungen verpflichtet, bei welcher die volle Bestockung und Bodenkraft der letzteren erhalten und die haubaren Bestände bei ihrem Abtriebe durch vollkommen junge wieder ersetzt werden. Sie können aber zu keiner nachhaltigen Waldwirthschaft angehalten werden."

In Hessen, wo der Privatwaldbesitz 32 pCt. der Gesammtwaldfläche umfaßt, sind die Waldungen je nach der Größe in Privatwald I. und II. Klasse ausgeschieden. Der forstpolizeilichen Beaufsichtigung sind sämmtliche Waldungen unterworfen; jedoch verschieden nach diesen Klassen.

Klasse I, für welche eigene forsttechnische Officianten von den Eigenthümern angestellt werden, steht außer freier, jedoch nicht unbeschränkter Disposition hinsichtlich der Ausstockung von Waldparzellen noch die selbständige Ordnung der Forstschutzverhältnisse zu.

Klasse II, für welche also keine Officianten wie oben angestellt sind, dürfen die Eigenthümer nur mit Genehmigung der Ober-Forst- und Domänen-Direction Ausstockungen resp. Umwandlungen zu Feld ꝛc. vornehmen. Alle Waldungen dieser Klasse sind Schutzbezirken zugetheilt, oder bilden besondere für sich, je nach Entschließung des Ministeriums des Innern.

Die größten Schwankungen in Beziehung auf die Ausübung des Aufsichtsrechtes des Staates über die Privatwaldungen hat die Gesetzgebung in Frankreich durchgemacht; man ging von der strengsten und peinlichsten Ueberwachung zur ungebundensten Freiheit über; man sprang wie in allen Dingen von einem Extrem ins andere über. Aber was gewiß noch viel schlimmer ist, die Regierung ging in Beziehung auf ihre Waldungen mit dem schlechtesten Beispiele voran, und die gegebenen Gesetze wurden niemals vollzogen.

Schon 1669 erschienen die berühmten Ordonnances Ludwig XIV, welche eine Schablone der Bewirthschaftung für alle Waldungen gaben. Die Revolution stürzte natürlich diese ganze bevormundende Gesetzgebung über den Haufen und proklamirte rücksichtslose Freiheit, und das war für den Wald Zerstörung. Das schon erwähnte Gesetz von 1803 untersagte zwar Waldrodungen ohne Genehmigung, wahrscheinlich aber blieb es bei der Proklamirung des Gesetzes.

Der 1827 erlassene Code forestier, welcher mit einzelnen Abänderungen heute noch Geltung hat, stellt im ersten Theil den Grundsatz auf, daß „die Privaten über ihre Waldungen alle Rechte ausüben, welche im Eigenthum begründet sind, ausgenommen die Einschränkungen, welche im gegenwärtigen Gesetze specifizirt sein werden."

Außer den Einschränkungen zu Gunsten der Marine, welche das Recht hat, in allen Waldungen die zum Schiffbau tauglichen Stämme gegen Bezahlung zu erwerben; sodann der Befugniß des Präfekten, in dringenden Fällen auch in den 5 Kilometer vom Rhein entfernten Privatwaldungen Faschinen zu requiriren, besteht nur noch das Verbot der Rodung — défrichement. — Die im Titre XV des Code for. in dieser Beziehung gegebenen Bestimmungen sind durch das Gesetz vom 18. Juni 1859 theilweise nicht unwesentlich modifizirt. Das Hauptsächliche ist:

Art. 219. Während 20 Jahren vom Tage der Promulgation des Gesetzes darf kein Privatwaldbesitzer eine Rodung vornehmen — ne pourra arracher ni défricher ses bois — ohne Genehmigung.

Die Genehmigung, Art. 220, kann nur verweigert werden, wenn die Erhaltung als nothwendig erkannt ist:

1. Zur Festhaltung — maintien — des Bodens auf den Bergen oder Abhängen.

Die Hoheitsrechte in Beziehung auf den Wald. 163

2. Zum Schutze des Erdreichs — sol — gegen Ueberschwemmungen und Zerstörungen der Bäche, Flüsse oder Ströme.
3. Zur Erhaltung der Quellen und laufenden Gewässer — cours d'eau.
4. Zum Schutze der Dünen und Küsten gegen das Eindringen des Meeres und die Ueberfluthung mit Sand.
5. Zur Vertheidigung — à la défense — des Landes in den Grenzgebieten.
6. Zur öffentlichen Gesundheit.

Die neueren Gesetze vom Jahre 1860 und 1864 zur Wiederbewaldung der Berge — Reboisement et Gazonnement des Montagnes — interessiren uns hier vorläufig weniger, da sie nur für Ausnahmsfälle gegeben sind.

Aus dem Vorhergehenden ergibt sich, daß die Staatsgewalt in den zwei großen Staaten Preußen und Frankreich ein Aufsichtsrecht, ein Eingreifen in die Privatwaldwirthschaft nicht beansprucht und nicht ausübt. — In den übrigen deutschen Staaten geht die Oberaufsicht bald mehr, bald weniger weit vom einfachen Rodungsverbot bis zur peinlichen Bevormundung.

Wenn wir uns fragen, woher diese verschiedene Ausübung eines überall anerkannten Hoheitsrechtes in den einzelnen Staaten, und sogar in ein und demselben Staate, zu verschiedenen Zeiten kommt, so kann es nur eine Antwort geben: Die Ansichten über die Nothwendigkeit der Beschränkung des Privateigenthums an den Wäldern wechselten je nach dem Zustande der Waldungen, je nach den Besitzverhältnissen, je nach der Erkenntniß der Wichtigkeit der Waldungen im Haushalte der Natur und der Völker.

Ueber die Frage aber, ob die Staatsgewalt überhaupt dieses Recht ausüben soll — nicht darf —, dann wie weit sie in dieser Beziehung gehen darf und soll, und in welchen Fällen sie ihr Aufsichtsrecht ausüben und beschränkende Gesetze erlassen soll, — gehen die Meinungen der Staatsrechtslehrer, der Nationalökonomen und der Forstwirthe oft weit auseinander. — Es hieße diese Schrift über Gebühr ausdehnen, wenn alle die verschiedenen Meinungen hier erörtert werden wollten[1]), daher nur der Beschluß, welchen der zehnte Congreß deutscher Volkswirthe im Jahre 1868 zu Breslau faßte, und der Beschluß, welchen ein Jahr darauf die XX. Versammlung süddeutscher Forstwirthe zu Aschaffenburg angenommen hat, hier eine Stelle finden mögen[2]).

Der beim Congreß angenommene Antrag des Referenten Dr. Rentzsch[3]) lautet:

I. „In Erwägung, daß:

1. die steigenden Preise für die Produkte der Forstwirthschaft den Waldbau immer rentabler machen;
2. daß die wachsende Intelligenz die Wichtigkeit ausreichender und gut bestandener Wälder für das Klima, den Stand der Flüsse und die Fruchtbarkeit des Bodens mehr und mehr erkennen läßt;
3. daß in Deutschland bei jedenfalls ausreichendem Waldbestand meist dasjenige Areal dem Waldbau unterworfen ist, das

---

[1]) Hierüber: Im Allgemeinen Bluntschli, Staatsrecht II. Band. — Dr. P. E. Roth, Handbuch des Forstrechts; von Berg, Staatsforstwirthschaftslehre. — Rentzsch, Der Wald rc. — Roscher, System der Volkswirthschft II. Band. — Dr. Pfeil, Grundsätze der Forstwirthschaft in Bezug auf die Nationalökonomie rc. — Bernhardt, die Waldwirthschaft. Berlin bei Springer 1869.

[2]) Jahrbuch der Volkswirthschaft von Dr. W. Eras und Verhandlungen der XX. (letzten) Versammlung südd. Forstwirthe zu Aschaffenburg. Bezüglich dieser Versammlung ist noch zu bemerken, daß dieselbe eigentlich schon eine allgemeine deutsche war, da durch Beschluß derselben die Umwandlung des bisherigen südd. Vereins in einen allg. deutschen Forstverein beschlossen wurde, und sich viele Norddeutsche an der Versammlung betheiligten.

[3]) Diesem Antrage gegenüber muß auf die gekrönte Preisschrift von Dr. Rentzsch, Der Wald im Haushalte der Natur und der Völker hingewiesen werden.

Die Hoheitsrechte in Beziehung auf den Wald.

nur bei dieser Bewirthschaftung den höchsten Ertrag zu geben vermag;

4. daß endlich ausgedehnte Staatsforsten für die Erhaltung größerer mit Wald bestandener Areale Bürgschaft leisten,

ist für den Waldbau volle Freiheit des Betriebes, sowie unumschränktes Verfügungsrecht über die Benutzung des Grund und Bodens zu fordern."

Abgeworfen wurde:

II. „In solchen Fällen, bei denen der Staat, die Provinz, die Gemeinde oder eine Gesammtheit von Interessenten (Genossenschaft) nachweist, daß bei der Beseitigung oder Erhaltung eines bestimmten Waldes eine hervorragende Gefahr für das Gemeinwohl vorhanden sei, kann der Besitzer veranlaßt werden, seinen Wald an die genannten Interessenten im Wege der Expropriation gegen volle Entschädigung abzutreten."

Abgeworfen wurde ferner ein Antrag, welcher in einer gedruckt vorliegenden Broschüre des Präsidenten Dr. Lette enthalten, und von Dr. Wilkens aufgenommen war, er lautete:

„Es ist das Bedürfniß legislativer Maßregeln und die Vorlage eines allgemeinen, für den einzelnen widerstrebenden Privatbesitzer obligatorischen Waldkulturgesetzes in der Richtung und dem Sinne anzuerkennen, daß ein solches die Normen genau feststelle und begrenze, nach welchen einer Landeskalamität und gemeinen Gefahr der Nachbarn vorgebeugt und entgegengewirkt, oder die Wiederbewaldung und Forstkultur mehrerer untermengter oder gemeinsamer Parzellen durch Bildung von Forstgenossenschaften ermöglicht werde."

Der in theoretischer Einseitigkeit und Befangenheit gefaßte Beschluß der Volkswirthe mit seinen falschen Motiven wurde schon von Bernhardt[1]) angegriffen und in seinen Motiven widerlegt.

---

[1]) Die Waldwirthschaft und der Waldschutz ꝛc.

Auf Antrag von Oberförster Bernhardt (jetzt Forstmeister und Direktor der Versuchsanstalten bei der Forstakademie zu Neustadt=Eberswalde) wurde aber auch in der ersten Sitzung der schon erwähnten XX. Versammlung folgender Beschluß gefaßt:

1. „Die Resolution des X. Congresses deutscher Volkswirthe vom 3. Sept. 1868, die Staatsoberaufsicht über die Waldwirthschaft betreffend, entspricht nicht den Grundsätzen einer gesunden Volkswirthschaft.
2. „Wo die Erhaltung oder Begründung eines Waldes zur Abwendung einer gemeinsamen Gefahr nothwendig, erscheint die staatliche Beschränkung der Privatwaldwirthschaft geboten."

Bevor man nun einem, der ganzen neuen Rechtsanschauung widerstrebenden Eingriff in das Privateigenthum das Wort redet, und bevor man einschränkende Präventiv=Maßregeln ergreift, muß deren Nothwendigkeit anerkannt, muß der Beweis geliefert sein, daß ohne sie das Gemeinwohl empfindlichen Schaden leidet. Wenn es nun einerseits nicht schwer ist, den Beweis zu liefern, daß im concreten Falle nach der Abholzung dieses oder jenes Waldes die unter demselben liegenden Grundstücke Schaden leiden müssen; wenn es auch nicht schwer ist zu beweisen, daß nach dem unvorsichtigen Abtrieb eines auf Flugsand stockenden Waldes der Sand flüchtig wird, und die umliegenden Grundstücke überdeckt; wenn auch nach den neueren Untersuchungen von Dr. Ebermayer der Einfluß des Waldes auf Speisung der Quellen, überhaupt auf den Wasserreichthum einer Gegend nachgewiesen werden kann — Abschn. VII — so ist es doch schon sehr schwer, den Beweis zu liefern, daß die Erhaltung dieses oder jenes Waldes nothwendig sei, weil derselbe Einfluß in klimatischer Beziehung hat. Wir können an der Hand der Erfahrungen, die in andern, und sogar benachbarten Ländern gemacht wurden, die Behauptung aufstellen, daß die Entwaldung der Gebirge von unermeßlichem Schaden für die Frucht=

Die Hoheitsrechte in Beziehung auf den Wald.

barkeit, Bewohnbarkeit und Schönheit eines Landes gewesen ist und immer sein wird; wir können aber nicht und werden es auch nie angeben können, welches Procentverhältniß von Wald ein Land zu seiner höchstmöglichen Wohlfahrt haben muß.

Aus diesen Gründen kann ein Forstgesetz wol bestimmen, wo, wann und wie die Staatsgewalt in die Privatforstwirthschaft eingreifen, oder durch Expropriation sich an ihre Stellen setzen darf; die Bestimmung der einzelnen Fälle aber, in welchen das Gesetz zur Anwendung kommen soll, muß eigenen Provinzialbehörden — Waldschutzgerichten — überlassen werden.

Wenn nun über den Zustand der Privatwaldungen, namentlich der kleinen, in allen Staaten, und selbst in solchen, welche der Staatsgewalt die weitgehendsten Befugnisse einräumen, geklagt wird, so müssen wir die Lehre daraus ziehen, daß es:

1. Sehr schwer ist, die Privatwirthschaft so zu überwachen, daß sie ihren Wald nicht allmälig devastirt;
2. daß sich die Staatsgewalt auf das absolut nothwendige Maß der Einmischung beschränken soll[1]);
3. daß den gesetzlichen Bestimmungen der nothwendige Vollzug gefehlt hat, weil die Anwendung nur von eigenen Behörden oder Gerichten ausgehen kann, diese aber gänzlich gefehlt haben.

---

[1]) Der Präsident der erwähnten XX. Versammlung, Oberforstrath Roth aus Donaueschingen, hat damals folgende beherzigenswerthen Worte gesprochen: „Ueber die Mittel und Wege, wie der Staat seine Aufsicht über die Privatwaldungen auszuüben habe, sind wir nicht einig, und können es auch nicht sein, weil der Gegenstand noch zu wenig abgeklärt ist, und auf der andern Seite die Verhältnisse so vielseitig sind, daß es unmöglich ist, sie alle unter einen Hut und in eine Form zu bringen."

„Aber dahin ist entschieden die Ansicht gerichtet, daß, wenn der Staat in die Bewirthschaftung der Privatwaldungen einzugreifen genöthigt ist, sich dieser Eingriff auf das absolut erforderliche Maß beschränken müsse."

Wenn man vorstehende Erwägungen und Grundsätze auf Bayern anwendet, so ergibt sich folgendes: Bayern mit einem Staatswaldbesitze von 36 pCt., einem Besitze der Gemeinden, Körperschaften und Stiftungen von 15 pCt., also einem Gesammtbesitze von 51 pCt., über dessen Erhaltung zu wachen, die Staatsgewalt nicht blos das Recht, sondern die Pflicht hat, — die Bewaldung in sicherer Hand beträgt 17.3 pCt., also mehr als die Gesammtbewaldung Frankreichs, — kann den Privaten über alle Waldungen, welche nicht als Schutzwaldungen erklärt werden, das freie Verfügungsrecht überlassen, und dies um so mehr, als auch von den Privatwaldungen ein nicht unbedeutender Theil in der sichern Hand der Großgrundbesitzer sich befindet. — Obwol nun die Besitzstandsverhältnisse in den einzelnen Kreisen sehr wechseln — in Niederbayern 79 pCt., in der Pfalz nur 13 pCt. Privatwald — so hat der bayer. Staat doch nicht nothwendig ein Rodungsverbot zum Zwecke der Sicherung eines zureichenden Waldareals zur Befriedigung aller Bedürfnisse an Forstprodukten zu erlassen[1]). Wenn die Zweckmäßigkeit einer Beschränkung der Privatwaldwirthschaft aus solchem Grunde vom volkswirthschaftlichen Standpunkte, und namentlich bei den dermaligen Verkehrsverhältnissen, überhaupt schon sehr zweifelhaft ist, so muß sie für Bayern insbesondere verneint werden, denn wenn die oben erwähnte Bewaldung in sicherer Hand nach Ablösung der Forstrechte und nach besserer Bewirthschaftung der Gemeindewaldungen normal produzirt, so können auch bei schlechter Privatwirthschaft alle Bedürfnisse befriedigt werden.

Die Staatsgewalt in Bayern kann sich also darauf beschränken nur die Schutzwaldungen unter ihre Oberaufsicht zu stellen, und je nach den Umständen beschränkend in die Privatwirthschaft einzugreifen.

---

[1]) F. C. Roth, Handbuch des Forstrechts, Seite 504.

Die Hoheitsrechte in Beziehung auf den Wald. 169

Diesen Standpunkt hat das Gesetz vom Jahre 1852 im Allgemeinen schon eingenommen, und geht nur in Beziehung auf das Rodungsverbot weiter, denn es läßt die Rodung nach Art. 35 Abs. 1 nur zu, „wenn die auszustockende Fläche zu einer besseren Benutzung, insbesondere für Feld-, Garten-, Wein- oder Wiesenbau, unzweifelhaft geeignet ist."

Art. 41 bestimmt: „Die der Holzzucht zugewendeten Grundstücke müssen stets in Holzbestand erhalten und dürfen nicht abgeschwendet werden."

Wenn dieser Artikel in Verbindung mit Art. 42, welcher die Aufforstung von Waldblößen, und die Wiederbestockung unvollständiger, natürlicher Verjüngungen anordnet, nicht blos auf Schutz, sondern auf alle Waldungen angewendet werden kann (?), so ginge die staatliche Aufsicht allerdings noch weiter.

Wenn nun der Zustand der Privatwaldungen in Bayern trotz dem Gesetze von 1852 kein befriedigender ist, wie auch die Staatsregierung dadurch anerkannt hat, daß sie den vom Abgeordneten Louis in der 45. Sitzung der Kammer der Abgeordneten vom Jahre 1874 eingebrachten trefflichen Antrag — Gesetz über Schutzwaldungen betreffend — als wohl berechtigt und durchaus zeitgemäß erklärt hat, so muß hauptsächlich der Vollzug fehlen.

Der Abgeordnete Louis hat diesen Mangel des Vollzuges auch erkannt, denn er sagt in seinen Motiven: „Die Art. 35 bis 42 des Forstgesetzes enthalten zwar wohlbemessene forstpolizeiliche Bestimmungen über Schutzwaldungen, deßungeachtet bestünde aber eine außerordentliche Verschiedenheit der Waldzustände und liege die Vermuthung sehr nahe, daß die Vollzugsinstruction der wünschenswerthen Schärfe und Einheit entbehren dürfte. Allerdings sollen Schutzwaldungen nicht abgetrieben werden, es sei denn mit Genehmigung der Forstbehörde und unter der Bedingung, sofort neue Waldungen anzupflanzen; allein wie werden den Gemeinden und Privaten gegenüber diese Vorschriften in den verschiedenen Landestheilen zum Vollzug gebracht. Nicht nur die Erhaltung, sondern auch die Hervorrufung von Schutzwaldungen solle im Gesetze vorgesehen werden, und müsse eine rationelle Gesetzgebung für Errichtung von Waldschutzgerichten, Waldgenossenschaften und für ein genau geregeltes Verfahren mit Instanzengang Sorge tragen."

Dieser Ansicht vollständig beipflichtend, halten wir die gesetzliche Organisation von Waldschutzgerichten für das Nothwendigste. Im Gesetze selbst spreche man die Trennung sämmtlicher Waldungen in zwei große Kategorieen aus:

1. Waldungen, deren Bestand oder Zustand in keiner Weise weder im Interesse der Gesammtwohlfahrt, — Gesundheit, klimatische Beziehungen, Quellengebiet — noch im Interesse der kulturfähigen Erhaltung unterliegender oder benachbarter Grundstücke, Straßen, Eisenbahnen ꝛc. nothwendig ist.

2. Waldungen, welche in irgend einer ad 1 bezeichneten Weise eine Rolle spielen.

Diese Trennung ohne Unterschied des Besitzes sei die erste Aufgabe der Waldschutzgerichte, von welchen in jedem Kreise eines zu bilden wäre. Selbstverständlich kann diese Trennung nicht als eine für ewige Zeiten geltende, in sich abgeschlossene betrachtet werden, sondern es muß in der Befugniß der Waldschutzgerichte liegen, innerhalb der gesetzlichen Normen Aenderungen zu treffen.

Die Bewirthschaftung der Waldungen der ersten Kategorie gebe man gänzlich frei, denn ein Rodungsverbot könnte sich doch höchstens auf Waldungen erstrecken, welche auf absolutem Waldland — Art. 35 — stocken. Unter absolutem Waldland versteht man nun allerdings ein Gelände, welches vermöge seiner klimatischen und örtlichen Lage und seiner innern Beschaffenheit zu keiner andern Benutzungsweise brauchbar ist. Es gibt nun freilich Fälle genug — z. B. sehr steile Hänge im Gebirge, nasse und moorige Hochebenen, Steingerölle, Flugsandebenen ꝛc. — wo die Entscheidung durchaus nicht zweifelhaft ist, es kommt aber auch vor, daß ein Gelände nur als bedingtes Feld- oder Waldgelände angesprochen werden kann. Als Beispiele mögen folgende Fälle gelten: Gelände mit einer Neigung, welche die Bearbeitung mit der Hacke noch erlaubt, und einem Boden von solcher mineralischen Beschaffenheit, daß er nur bei jährlicher oder zweijähriger Düngung noch mittelmäßige Erträge liefert. Dergleichen Gelände kommt in allen Gebirgslandschaften vor, weil die arme Bevölkerung auch solchen Boden noch mühselig in den freien Stunden d. h. solchen, wo sie sonst nichts verdienen kann, bebaut. Ausgedehnte Ebenen oder Hügelländer von geringerer Bodengüte und doch größtentheils der Landwirthschaft gewidmet. Wenn in solchen Gegenden die Arbeitslöhne steigen, so werden die geringern und vom Wohnorte, Dorf oder Hof, entfernten Felder — Außenfelder — häufig zu Wald angelegt, umgekehrt aber auch wieder mit Feldfrüchten bebaut.

In Anbetracht nun, daß das ausgesprochene absolute Waldgelände schon größtentheils in den Begriff des Schutzwaldes fallen wird, daß bei dem bedingten Gelände die Unterscheidung sehr schwierig ist, auch die Ueberwachung der Wirthschaft viel Zeit und Kosten in Anspruch nehmen würde, sollte man ein Rodungsverbot aus diesem Grunde nicht aufrecht erhalten; zwingt man ja doch sonst den Einzelnen nicht, in seinem Interesse gut zu wirthschaften. Die Erhaltung und Pflege solcher Waldungen muß die Staatsgewalt auf andere Weise zu fördern suchen.

Bei den Waldungen der zweiten Kategorie kommt es nicht blos darauf an, daß sie erhalten werden, sondern nur darauf, wie sie behandelt werden, denn nur vollbestockte Waldungen, in denen auch die Bodendecke ganz unversehrt erhalten wird, erfüllen ihren Zweck als „Schutzwald" vollständig.

Es dürfte nun kaum bestritten werden können, daß durch die strengsten Gesetze und die genaueste Ueberwachung der Zweck nie so vollständig erreicht werden kann, als wenn der Staat selbst Besitzer ist.

Daß der im öffentlichen Rechtsleben anerkannte Grundsatz der Zwangs-Enteignung zu öffentlichen, nothwendigen und gemeinnützigen Zwecken[1]) auch auf die Schutzwaldungen anwendbar ist, kann nicht bestritten werden, denn alle Momente, welche rechtlich zu einer Zwangs-Enteignung nothwendig sind, treffen bei den Schutzwaldungen zu. Auch der Gedanke der Expropriation ist nicht neu, sondern von Nationalökonomen und Forstschriftstellern schon ausgesprochen worden[2]).

Dieser Gedanke wird sich ganz sicherlich immer mehr Geltung verschaffen, je mehr man sich von der Schwierigkeit und Unzuverlässigkeit aller Präventivmaßregeln in Beziehung auf Schutzwaldungen überzeugt; dieser Gedanke wird jetzt noch als „theoretisch" verworfen, weil man glaubt, die Aufbringung der Mittel zur Expropriation sei ein Ding der Unmöglichkeit; was aber nach der Aufbringung der kolossalen Mittel für Eisenbahnen c. doch sehr hinfällig ist.

Wenn man ferner in Betracht zieht, daß in Bayern nur 49 pCt. aller Waldungen im Besitze von Privaten sind, und daß davon wieder 14 pCt. dem Großgrundbesitze — mindestens 500 Tagw.

---

[1]) Gesetz vom Jahre 1857, die Zwangsabtretung von Grundeigenthum für öffentliche Zwecke betreffend.

[2]) Verhandlungen des X. Kongresses deutscher Volkswirthe. — Von Berg, Staatsforstwirthschaftslehre Seite 333. Bernhardt, die Waldwirthschaft Seite 101.

Bei den Verhandlungen der XX. Versammlung südd. Forstwirthe über den schon erwähnten Antrag vom Oberförster Bernhardt hat Kammerdirektor von Bibra sich, wie folgt, ausgesprochen: „In Württemberg hat die Regierung beschlossen, in solchen Oertlichkeiten, wo die Möglichkeit überhaupt vorhanden ist, und ein nationales Interesse gefährdet werden könnte, den Wald zu acquiriren. Ich halte das für zweckmäßig!

Der Staat eben soll für Gewinnung desjenigen Waldes, den er für absolut nothwendig für seine Zwecke erachtet, die Mittel ausgeben und sich zum Herrn solcher Wälder machen." — Auch der Verfasser hat damals die Zweckmäßigkeit und Nothwendigkeit der Expropriation hervorgehoben.

Die Hoheitsrechte in Beziehung auf den Wald.

Wald[1]) — gehören, von welchem im Allgemeinen eine schonende, pflegliche Behandlung des Waldes zu erwarten ist, wenn man weiter bedenkt, daß Staat und Gemeinden überdies schon hauptsächlich im Besitze der Schutzwaldungen sind, so wird man erkennen, daß die Expropriation nicht die Ausdehnung annehmen wird, wie man befürchtet. Noch seltener dürfte die Nothwendigkeit der Expropriation eintreten, wenn gleichzeitig mit einem Waldschutzgesetze auch ein Gesetz über die Bildung von Waldgenossenschaften erlassen, und diese Bildung mit allen Mitteln unterstützt wird.

Wenn man in Bayern nach dem Beispiele anderer Länder mit der Ablösung der so schwer auf den Staatswaldungen lastenden Rechte rasch und energisch vorwärts gehen will, so reichen ohnedies die gewöhnlichen Mittel nicht aus, und wenn man die Gegenwart nicht zu sehr belasten will, dürfte nichts übrig bleiben als die Aufnahme eines Anlehens auf die Staatswaldungen versichert, und in Annuitäten rückzahlbar; ein im Gesetze bestimmter Theil dieses Kapitals könnte dann zu Expropriationen verwendet werden.

Die Rückzahlung der auf diese Art jährlich nothwendigen Summe könnte in erster Linie mit den Erträgnissen der erworbenen Schutzwaldungen, in zweiter Linie mit einem bestimmten Theile des Ertrages der Staatswaldungen, welcher ja auch nach der Ablösung höher werden muß, geleistet werden. Ist der Staat noch im Besitze von Waldparzellen, welche zu einer nachhaltigen, landwirthschaftlichen Benutzung geeignet sind, oder welche wegen isolirter Lage Verwaltung und Schutz erschweren und vertheuern und natürlich nicht Schutzwaldungen sind, so können durch deren Veräußerung ferner noch Mittel zu Expropriationen gewonnen werden, wenn dieselben nicht zu dem eben so wichtigen und nothwendigen Ankauf von Waldinclaven nützlicher verwendet werden können. Das zu erstrebende Ideal eines Landes in Beziehung auf Bewaldung ist jedenfalls: Alle Schutzwaldungen in sicherer Hand, wo möglich des

---

[1]) Die Forstverwaltung Bayerns Seite 394.

Staates oder der Gemeinden; aller absolute Waldboden normal bewaldet und ebenfalls in sicherer Hand; kein Gelände mit Wald bestockt, was bei landwirthschaftlicher Benutzung nachhaltig eine höhere Bodenrente abwirft.

Mit der Expropriation würde aber nicht blos volle Sicherheit erreicht werden für die Bewirthschaftung der Schutzwaldungen ganz ihrem höhern Zwecke entsprechend, sondern es fiele auch so manche Härte, die jede wirksame Waldschutzgesetzgebung im Gefolge haben muß, vollständig weg.

Bei jeder Waldschutzgesetzgebung entsteht überhaupt die Frage, ob der Eigenthümer des Schutzwaldes nicht Schadenersatz in Anspruch nehmen kann, sobald er durch die Gesetzgebung gezwungen wird, eine Wirthschaft zu führen, welche den Reinertrag seines Grundstückes schmälert. Dieser Fall tritt aber nicht blos bei Gelände ein, welches auch zur landwirthschaftlichen Produktion — bei Schutzwald wahrscheinlich selten — geeignet ist, sondern kann sogar bei relativem und absolutem Waldboden vorkommen. Bei relativem — bedingtem — Feldboden kann der Eigenthümer kahl abtreiben und zeitweise Feldbau treiben wollen[1]; das Gesetz verbietet dieses aber.

Bei absolutem Waldboden ist es für den Reinertrag von großer Bedeutung, ob Nieder-, Mittel- oder Hochwaldwirthschaft getrieben wird, welche Holzarten angebaut werden, welchen Umtrieb man wählt ꝛc. Da aber die Gesetzgebung, um ihren Zweck zu erreichen, immer genau bestimmen, oder wenigstens dem Waldschutzgerichte die Bestimmung überlassen müßte, wie der oder jener Schutzwald bewirthschaftet werden muß, so wäre eine Benachtheiligung des Eigenthümers nur selten zu vermeiden. Ist nun der Anspruch auf Entschädigung untersucht und als gerechtfertigt anerkannt, so

---

[1] Man denke nur an den in einigen Gegenden üblichen Hackwald mit 14—16jähr. Umtrieb und 1—2jähr. landwirthschaftlicher Zwischennutzung.

Die Hoheitsrechte in Beziehung auf den Wald.

fragt es sich, wie soll dieselbe gegeben werden. Hiefür sind nun Kapital und Rente vorgeschlagen worden; Kapital in der Höhe, daß die Zinsen desselben die Mindereinnahme decken, Rente ebenso hoch. Aus dieser kurzen Darstellung dürfte schon zu ersehen sein, daß eine Waldschutzgesetzgebung, welche oft tief in das Privateigenthum eingreifen muß, keineswegs so einfacher Natur ist, und daß sehr complicirte Fragen auftauchen können; wer einmal eine Expertise in einem Waldprozesse 2c. gemacht hat, wird dies sofort begreifen.

Daß auch die Expropriation ihre Schwierigkeiten hat, soll nicht bestritten werden; eine Schwierigkeit hat sie aber mit der Frage der Entschädigung gemein, nämlich: wer soll expropriiren, wer soll entschädigen? Soll der Private oder mehrere, die Gemeinde, der Distrikt, der Kreis, der Staat dies thun? Streng rechtlich genommen derjenige, für welchen der Bestand des betreffenden Schutzwaldes nothwendig ist[1]). Da es aber gewiß nur wenige Fälle gibt, in welchen ein Schutzwald nur und allein einem Interessenten nothwendig ist, und es mit ungewöhnlichen Schwierigkeiten verbunden wäre, bei mehreren Betheiligten den Antheil jedes Einzelnen genau zu bestimmen, so wird der Staat in der Regel eintreten müssen; insbesondere wenn man bedenkt, daß die Erhaltung und Begründung von Schutzwaldungen immer in der oder jener Beziehung auch der Allgemeinheit von Nutzen ist.

Der schon erwähnte preuß. Gesetzentwurf enthält keine Bestimmung über Expropriation, dagegen hat er das Recht des Schutzwaldeigenthümers auf Entschädigung anerkannt, jedoch ist eine solche nur in so weit zu gewähren, als er durch die Nutzungsbeschränkung an dem bisher bezogenen Reinertrage eine Einbuße erleidet.

---

[1]) Der beim X. Congreß abgeworfene II. Theil des Referenten Dr. Rentzsch, der ebenfalls abgelehnte Antrag von Emminghaus lautet: „Die Wahrung solcher Interessen Dritter, welche angeblich durch irrationale Waldwirthschaft oder durch Rodung verletzt werden, ist lediglich und ohne Intervention der Gesetzgebung den Interessenten zu überlassen."

Neunter Abschnitt.

Da dieser preuß. Entwurf für die zu erhoffende bayer. Gesetzgebung von großer Wichtigkeit sein dürfte, namentlich wenn das Princip der Expropriation ganz oder theilweise ausgeschlossen werden sollte, so scheint es am Platze, denselben ausführlicher zu behandeln, abweichende Ansichten geltend zu machen, und die Schwierigkeit der Ausführung an einzelnen Beispielen zu zeigen.

Der preuß. Entwurf zählt zuerst die Fälle auf, in welchen die Erhaltung oder Begründung von Schutzwaldungen nothwendig ist.

Diese Fälle und die generellen Grundsätze, von welchen bei Bestimmung derselben ausgegangen wurde, sind kurz folgende: § 2
1. Wo durch die Beschaffenheit von Sandländereien — Neigung zum sog. Flüchtigwerden, Flugsand — benachbarte Grundstücke der Gefahr der Ueberfluthung, Versandung ausgesetzt sind.

Art 36,[3] des bayer. Gesetzes von 1852.
2. Wo durch das Abschwemmen des Bodens oder durch die Bildung von Wasserstürzen in hohen Freilagen, auf Bergrücken, Bergkuppen und auf Berghängen die unterhalb gelegenen nutzbaren Grundstücke ꝛc. der Gefahr der Ueberschüttung mit Erde ꝛc. oder der Ueberfluthung ausgesetzt sind. In diesen Lagen ist die Waldbestockung das einzige Mittel, die hier ohnehin gewöhnlich nur in geringer Mächtigkeit über dem Gestein liegende Nährschicht des Bodens vor dem Herabschwemmen bei starken Regengüssen zu bewahren.
3. Wo durch die Zerstörung eines Waldbestandes in dem Quellgebiete und an den Ufern natürlicher Wasserläufe die Gefahr nahe liegt, daß die Ufergrundstücke der Gefahr des Abbruchs, und die im Schutze der Waldungen gelegenen Gebäude ꝛc. der Gefahr des Eisganges ausgesetzt werden, daß eine Veränderung des Wasserstandes in den einzelnen Jahreszeiten herbeigeführt wird, welche die Industrie, die mit Wasserkraft arbeitet, schädigt.

Die Hoheitsrechte in Beziehung auf den Wald. 177

4. Wo durch die Zerstörung eines Waldbestandes in Freilagen und in der Seenähe benachbarte Feldfluren und Ortschaften den nachtheiligen Einwirkungen der Winde ausgesetzt werden."

Eine Beschränkung der freien Verfügung über den Wald auch für den Fall, wo demselben eine weitere Bedeutung in klimatischer oder gesundheitlicher Beziehung beigemessen wird, hat der preuß. Entwurf nicht aufgenommen; wie auch das bayer. Forstgesetz eine solche nicht kennt[1]).

Wenn man in Betracht zieht, daß zwar die Wichtigkeit des Waldes in klimatischer und hygienischer Beziehung im Allgemeinen feststeht, daß jedoch die Nothwendigkeit der Erhaltung gerade dieses oder jenes Waldes nicht nachzuweisen sein wird, und daß sowol in Preußen wie in Bayern den Anforderungen in dieser Beziehung vollkommen Genüge geleistet wird, wenn die Waldungen in sicherer Hand, und die Schutzwaldungen der 4 Fälle in gutem Zustande erhalten werden, ist eine Einschränkung wegen dieser Beziehungen weder geboten noch gerechtfertigt.

Behufs Abwendung der in den vier Fällen aufgezählten Gefahren kann sowohl die Art der Benutzung der gefahrbringenden Grundstücke bestimmt, als auch die Ausführung von Waldkulturen und sonstigen Schutzanlagen angeordnet werden, wobei die beiderseitigen Interessen möglichst zu vereinigen sind.

§ 4 des Entwurfs sagt: „Die Eigenthümer müssen sich in der Benutzung allen Beschränkungen unterwerfen, welche in Gemäßheit von § 2 angeordnet werden, und die Ausführung der auf Grund dieser Vorschrift angeordneten Waldkulturen oder Schutzmaßregeln gestatten."

Die anzuordnenden Schutzmaßregeln können nun bestehen in

---

[1]) Im Code forestier sind noch Fall 5 und 6 zur öffentlichen Gesundheit vorgesehen.

einer bloßen Beschränkung der Benutzungsart des gefahrbringenden Grundstückes, womit Aufwendungen von Kosten nicht verbunden — z. B. Verbot des Stockrodens, der Weideausübung, des Heide- oder Plaggenhiebes — oder sie können bestehen in Ausführung von Waldkulturen und besondern Schutzanlagen — z. B. Zäunen auf Sandländereien, Horizontalgräben, Verkrippungen an Berghängen — womit Kosten verbunden sind. Die Ausführung und Befolgung darf von dem Willen des Eigenthümers nicht abhängig sein; sie müssen sich den Anordnungen fügen resp. deren Ausführung gestatten.

Diese letztere Bestimmung ist sehr wichtig, wird aber nur dann erfolgreich sein, wenn auch die nöthigen Organe zur Durchführung bestimmt und gegeben werden; hierzu wäre unter Umständen zu zählen, daß für die Schutzwaldungen eigene Hutbezirke gebildet werden, und daß von der Aufsichtsbehörde die Waldhüter oder Förster ernannt werden, da dieselben ja in die Lage kommen können, gegen den Eigenthümer selbst einschreiten zu müssen. Die angenommene Unterscheidung zwischen dem passiven Dulden und dem activen Thun ist zwar im Allgemeinen richtig, jedoch dürften die Fälle, wo der Eigenthümer etwas dulden muß, weit häufiger vorkommen, und z. B. die Vorschrift einer genau bestimmten Wirthschaftsführung häufig nicht zu umgehen sein; zu den Verboten muß unter allen Umständen auch das Streurechen gezählt werden.

Bei der Ausführung von Kulturen und Schutzanlagen entsteht die Frage, ob man sie dem Eigenthümer, unter Bestimmung einer Frist und unter Ueberwachung, selbst überlassen, oder durch andere technische Organe besorgen lassen will. — Die Entscheidung dieser Frage wird theilweise davon abhängen, wer die Kosten trägt, und diese Frage wieder davon, von wem der Antrag auf Erlaß von dergleichen Anordnungen ausgegangen ist

Nach § 3 des Entwurfs kann Antrag gestellt werden:
a) von jedem gefährdeten Interessenten;

Die Hoheitsrechte in Beziehung auf den Wald. 179

b) von Gemeinde- oder Communal-Verbänden in allen innerhalb ihrer Bezirke vorkommenden Fällen;

c) von der Landespolizeibehörde.

§ 5 bestimmt: „Die Kosten der Herstellung und Unterhaltung der angeordneten Waldkulturen oder sonstigen Schutzanlagen haben die Eigenthümer der gefahrbringenden Grundstücke gemeinschaftlich mit den Interessenten, welche den Antrag gestellt haben, nach Verhältniß und bis zur Höhe des Vortheils zu tragen, welcher jedem daraus erwächst. Auch diejenigen gefährdeten Interessenten, welche dem Antrage nicht beigetreten sind, haben nach demselben Verhältnisse zu den Kosten beizutragen, wenn:

1. die Antragsteller mindestens den vierten Theil der gefährdeten Grundstücke besitzen, oder
2. der Antrag von einer Gemeinde, einem Communalverbande oder von der Landes-Polizeibehörde gestellt ist.

Diese Bestimmungen sind zwar sehr gerechtfertigt, zeigen aber auch, wie schwierig und complicirt die Ausführung des Waldschutzgesetzes dadurch wird.

Der Vortheil, den der Eigenthümer aus einer Pflanzung von dieser oder jener Holzart in so und so viel Jahren bezieht, d. h. die Einnahme an Vor- und Hauptnutzungserträgen bei dieser oder jener Betriebsweise nach so oder so viel Jahren läßt sich allenfalls noch mit etwas Sicherheit berechnen, wie soll aber der Vortheil beziffert werden, den die unter dem gefahrbringenden Grundstücke liegenden Eigenthümer je nach ihrer Entfernung von diesem Grundstücke, je nach dem Werth ihres Eigenthums ꝛc. ꝛc. haben? Der Tausendkünstler wäre noch zu finden, der ohne Fundamentalzahlen hier etwas berechnen d. h. nachweisen könnte, daß seine Zahlen richtig sind. — Wie soll der Vortheil berechnet werden, wenn durch ein schlecht bewaldetes, steiles Waldgehänge horizontale Gräben — ein sehr bewährtes Mittel gegen Abschwemmungen — gezogen werden? Dergleichen Fälle können aber noch verschiedene und noch schwierigere vorkommen, und die Austheilung der Kosten wird naturgemäß dem oft sehr subjectiven Urtheil von Sachverständigen überlassen werden müssen; es gibt dies ganz dieselben Gutachten wie sie bei Expropriationsexpertisen, bei den Entschädigungsansprüchen für „Vergütung der dem Eigenthümer durch die Abtretung zugehenden sonstigen Nachtheile" abgegeben werden.

Bei dieser Kostenvertheilung muß es natürlich im Interesse aller Betheiligten liegen, daß die Arbeiten so gut und so wohlfeil als möglich hergestellt werden, und da sie in der Regel auch technische Kenntnisse fordern, welche der Besitzer des gefahrbringenden Grundstückes in den meisten Fällen nicht hat, so bleibt nur die Ausführung durch eigene technische Organe übrig. Der Entwurf sagt darüber nichts, da er aber die sehr zweckmäßige Institution der Waldschutzgerichte hat, so muß angenommen werden, daß diesen die Entscheidung in solchen Fällen zusteht.

§. 7 bestimmt die Competenz der Waldschutzgerichte, welchen die Entscheidung bezüglich der Zulässigkeit des Antrages, der Schutzmaßregeln, der Kosten ꝛc. zusteht.

§. 8. Als Waldschutzgericht fungirt in den Landestheilen, in welchen die Kreisordnung vom 13. December 1872 gilt, der Kreisausschuß ꝛc.; in den übrigen Landestheilen soll derselbe nach §. 9 gewählt werden. — Mitglieder können nicht sein: Geistliche, Kirchendiener und Elementarlehrer; Richter nur mit Genehmigung. Wer die preußische Kreisordnung und die Zusammensetzung des Kreisausschusses nicht kennt, kann natürlich kein Urtheil über die Zweckmäßigkeit der Einrichtung haben; auch muß eine dergleichen Einrichtung den übrigen Institutionen eines Landes angepaßt werden, da aber das Waldschutzgericht in erster Linie immer über Fragen forsttechnischer Natur zu entscheiden hat, so müssen auch in irgend einer Art Forsttechniker beigezogen werden, da sonst sehr anfechtbare Urtheile erlassen werden könnten.

Die übrigen §.§. des Entwurfs treffen Bestimmungen über

das Verfahren, Erhebung der Thatsachen, Prüfung durch Sachverständige, Commissäre, Urtheile, Zustellung, Kosten, Berufung, Verwaltungsgerichtshof ꝛc.

§. 28 ist herorzuheben, weil er in den Fällen, wo Gefahr im Verzuge ist, dem Vorsitzenden des Waldschutzgerichtes schon vor rechtskräftiger Entscheidung gestattet, provisorische Anordnungen zu treffen, zur Verhinderung solcher Unternehmungen, welche eine die Gefahr vergrößernde oder begünstigende Veränderung in der Bewirthschaftung des Grundstückes vorbereiten. Er ist befugt, diese Anordnungen durch Exekutivmaßregeln zur Ausführung zu bringen.

§. 29 hat Strafbestimmungen.

§. 30 betrifft Abänderungen.

Obwol der kurz besprochene Entwurf sich sehr vortheilhaft dadurch auszeichnet, daß er vage Ausdrücke wie „Bedürfniß der Landeskultur," „Gemeinwohl" vermieden und die Fälle, wo eine Ausnahme von der Regel des freien Bestimmungsrechtes eintreten soll, klar bezeichnet hat, so wird doch jeder Techniker sofort die großen Schwierigkeiten in der Durchführung herausfinden, denn nicht blos die Bestimmung der Fälle 1—4, sondern auch die Beurtheilung der Entschädigungsansprüche des benachtheiligten Waldeigenthümers, der zu ergreifenden Schutzmaßregeln und die Vertheilung der Kosten erfordern umfassende allgemeine und technische Kenntnisse und ein vorurtheilsfreies Auge. Wer diese Schwierigkeiten genau prüft und weiß, wie dennoch beim strengsten Vollzuge der Erfolg unsicherer ist, als wenn der Staat Besitzer der Schutzwaldungen wäre, der wird das Princip der Expropriation gewiß nicht verwerfen, und wäre sehr zu wünschen, daß es in Bayern wenigstens für manche Fälle — die wichtigsten Schutzwaldungen — Anwendung finden würde.

Waldgenossenschaften.

"Alle für Einen und Einer für Alle" ist das Fundament, worauf die verschiedenen genossenschaftlichen Verbände der Neuzeit sich gründen. Es gibt aber kein Objekt, welches besser zu einer genossenschaftlichen Verwaltung sich eignet als der Wald, und kein Objekt, für welches der kleine, zersplitterte Besitz so wenig paßt wie für den Wald; in diesen winzigen Waldparzellen mit allen möglichen und unmöglichen Wirthschaftsformen herrscht keine Waldluft, also ist auch kein Wald da.

Wenn in den ältesten Zeiten der gemeinschaftliche Besitz die Regel, das Eigenthum die Ausnahme war, so versuchen wir wenigstens eine andere Form der Gemeinschaft, den genossenschaftlichen Verband, mit gemeinsamer Verwaltung. — Beispiele von solchen Waldgenossenschaften haben wir schon im Kreise Siegen und im Wittgenstein'schen[1]).

Obwol die Waldwirthschaft sehr verschiedene Betriebsarten hat und obwol die eine für den kleinen Privatbesitz sich besser eignet als die andere, obwol z. B. Niederwald oder Kopfholzzucht besser wie Hochwald, obwol kleine Waldparzellen in Ebenen und mit besserm Boden zum Kleinbesitze sich besser eignen als solche im Gebirge auf absolutem Boden und auf steilen Gehängen stockende, so ist doch im Allgemeinen der parzellirte, kleine Waldbesitz mit mehr oder minder großen Nachtheilen verbunden. Diese Nachtheile sind aber nicht blos wirthschaftliche, sondern auch finanzielle. Wer einmal Waldungen aufmerksam beobachtet hat, dem wird auch aufgefallen sein, daß Bestände von verschiedenen Altersklassen und also verschiedener Baumhöhe neben einander sich gegenseitig benachtheiligen, denn der alte hohe Wald entzieht seinem jungen Nachbar durch seinen Schatten

---

[1]) Ueber Bildung von Waldgenossenschaften vergleiche das interessante Capitel XVI in Bernhardt's Waldwirthschaft.

das Licht und die Sonne; mit dem Abhieb eines alten Waldes aber werden die Stürme für den Nachbar gefährlich, denn nicht blos Stämme werden gebrochen und geworfen, sondern auch das schützende und nährende Laub wird verweht; die zarte Rinde mancher Bäume — Buchen — springt auf und Krankheiten stellen sich ein ꝛc.¹). Wenn diese Nachtheile schon in den geschlossenen Waldungen hervor treten, obwol eine Abtheilung von der andern durch eine 12—14 Fuß breite holzfreie Linie getrennt ist, wie viel mehr muß dies der Fall sein bei schmalen Parzellen, wo hohes und niederes Holz im raschesten Wechsel auf einander folgen. Daß die Bewirthschaftung, die Kultur solcher Waldungen bei dem Mangel an technischen Kenntnissen eine sehr primitive ist, dürfte selbstverständlich sein; auch fehlt es dem Besitzer in der Regel an guten Pflanzen; den Samen muß er bei seinem kleinen Bedarf theurer bezahlen und erhält dennoch Ausschuß ꝛc. — Ein wirthschaftlicher wie finanzieller Nachtheil ist die erschwerte Fällung, Aufarbeitung und Abfuhr des Holzes, da es an gemeinschaftlichen Wegen ꝛc. fehlt.

Ein weiterer Nachtheil für den Eigenthümer ist der Verkauf seiner Produkte, denn seine geringern Sortimente — werthvolle, nicht abfällige²) Stämme zieht man nur im Hochwaldschluß — werden ihm nicht einmal zum vollen Werthe bezahlt, da gerade beim Holzhandel der Massenverkauf nothwendig ist. — Eine sehr empfindliche Schattenseite des kleinen Waldbesitzes ist aber auch der Umstand, daß es nicht möglich ist, jedes Jahr die Zinsen seines Kapitals, den jährlichen Zuwachs, zu genießen; dieser Mißstand

---

¹) Verhandlungen des Pfälz. Forstvereins im Jahre 1873 „über die Vorbeugungsmaßregeln gegen die Nachtheile der Bloßstellung der Säume der Laubholzschläge."

²) Unter abfällig, — vollholzig ist das Gegentheil — versteht man das Durchmesserverhältniß des obern und untern Stammabschnittes; je mehr es differirt, desto weniger vollholzig, desto abfälliger ist der Stamm.

führt bei vernünftiger Waldbehandlung zum sog. aussetzenden Betrieb, — welcher nicht jährlich, sondern nur periodisch die aufgewachsenen Zinsen genießt —, in der Regel aber zu einem plänterweisen Betriebe, der bald da, bald dort, ohne Regel und Ordnung, nur nach seinem momentanen Geldbedürfnisse im Walde herumhaut; alle oben aufgezählten Nachtheile müssen bei einer solchen Wirthschaft natürlich noch viel schroffer hervortreten.

Diesen wirthschaftlichen und finanziellen Mißständen kann nur die genossenschaftliche Vereinigung des kleinen Waldbesitzes zu einem Wirthschafts= und Verwaltungsganzen abhelfen. In der Genossenschaft behält jeder seinen Waldbesitz, der Betrieb aber wird ohne Rücksicht auf den Besitz geführt. Der jährliche Reinertrag wird nach Verhältniß der Bonität und Größe der Stammkapitalien — Waldstöcke — für welche Antheilscheine ausgestellt werden, vertheilt. Der Gewinn durch den intensiven Betrieb und die bessere Materialverwerthung bildet die Dividende. Ein Techniker, bei kleinen Genossenschaften ein benachbarter Staats= oder Gemeindeforstbeamter, leitet das Ganze; Verwerthung und Verrechnung, also den kaufmännischen Theil, besorgt der Vorstand der Genossenschaft. In Verbindung mit Vorschußbanken könnten die Genossenschaften den höchsten Effekt erzielen.

Dieses Gerippe muß den lokalen Verhältnissen entsprechend ausgebaut und ein Genossenschafts=Statut errichtet werden, worüber Verordnungen die allgemeinen Normen zu geben haben.

Eine viel wichtigere, einschneidendere Frage ist: ob die Staatsgewalt das Recht und die Pflicht hat, einen Zwang zur Bildung von Waldgenossenschaften anzuwenden.

Wenn man diese Frage vom Standpunkte der Ausscheidung sämmtlicher Waldungen eines Staates in zwei Kategorieen betrachtet, so ist die Entscheidung nicht schwierig, denn wenn die Staatsgewalt ihr Aufsichtsrecht über die Schutzwaldungen ausübt und deren Eigenthümer in der freien Verfügung beschränkt, so kann sie denselben

Die Hoheitsrechte in Beziehung auf den Wald.

Zwang auch zur Bildung von Waldgenossenschaften anwenden, da dieselben ja nur ein anderes Mittel zur Erreichung desselben Zweckes, der Erhaltung des Waldes, sind; sie darf diesen Zwang aber nur bei Waldungen ausüben, welche in die Kategorie der Schutzwaldungen gehören. — Es würde also in diesem Falle an die Stelle des einzelnen Schutzwaldes der vereinigte Genossenschaftsschutzwald treten. Die Bestimmung, ob solche Genossenschaftswaldungen gebildet werden sollen, könnte allein dem Staate zustehen.

Eine andere Art von Waldgenossenschaften sind solche, welche durch Mehrheitsbeschluß der verschiedenen Waldbesitzer hergestellt werden können.

Der preußische Entwurf vom 28. Jan. 1874 bestimmt hierüber:

§. 32. Wo die wirthschaftliche Benutzung einzelner neben- und untereinander gelegener, aus Waldgrundstücken oder öden Flächen bestehenden Besitzungen nur durch gemeinschaftliche Bewirthschaftung oder Beschützung zu erreichen ist, können auf Antrag:

a) jedes einzelnen Besitzers;
b) der Gemeinde, beziehungsweise des Communalverbandes, in deren Bezirke die Grundstücke liegen;
c) der Landespolizeibehörde

die Eigenthümer dieser Besitzungen zu einer Waldgenossenschaft nach Maßgabe der nachfolgenden Vorschriften vereinigt werden.

§. 39. Wenn die Mehrzahl aller Betheiligten, nach dem Katastralreinertrage der Grundstücke berechnet, sich dem Antrage nicht anschließt, erfolgt Abweisungsbescheid.

Ein solcher Mehrheitszwang dürfte durchaus gerechtfertigt sein, da ohne ihn eine Zusammenlegung vereinzelter Grundstücke nicht möglich sein würde; auch existirt ein solcher Mehrheitszwang schon bei Verkoppelungen und Arrondirungen von landwirthschaftlichen Grundstücken.

Da die Bildung von Waldgenossenschaften wesentlich zur Erhaltung und Begründung von gut bestockten Waldungen beiträgt und also die Zwecke, welche der Staat erreichen will, sehr fördert, so ist

dieselbe auch auf jede Art zu unterstützen und namentlich den Staats=
forstbeamten zu gestatten, die Leitung der Wirthschaft zu übernehmen.

Die weiteren Bestimmungen des preußischen Entwurfes, die
gewiß interessiren dürften, sind kurz folgende:

§. 33 bestimmt, daß die Rechtsverhältnisse durch ein Statut
geregelt werden, bei dem Grundsatz sein soll, daß in den Eigen=
thums= oder Besitzverhältnissen der einzelnen Betheiligten keine
Aenderung eintritt, die Benutzung desselben aber nach einem ein=
heitlichen, für die ganze Genossenschaftsfläche festgestellten Plane ge=
meinschaftlich betrieben wird.

§. 34 trifft Bestimmungen über das Theilnahmemaß.

§. 35 betrifft die Beitragspflicht.

§. 36. Bestimmungen bezüglich der Einschränkungen der Be=
rechtigten. Entschädigung wird gewährt nach dem Verhältniß der
Einbuße, welche sie allenfalls erleiden.

§. 37. Der Antrag auf Bildung ist bei den Waldschutzgerichten
zu stellen.

§. 38. Untersuchung durch einen Commissär.

§. 40. Im Falle nach §. 39 die Bildung beschlossen, regelt
dieser §. und der §. 41 das Weitere in Beziehung auf die Auf=
stellung des Statuts 2c.

§. 42. Vorlage der sämmtlichen Verhandlungen bei den Wald=
schutzgerichten.

§. 43. Prüfung und Entscheidung durch dasselbe.

§. 44. Kosten.

§. 45. Berufung.

§. 46. Aufsicht des Staates. Diese ist gewiß durchaus noth=
wendig, da man immer den Zweck vor Augen haben muß, welcher
durch die Bildung von Waldgenossenschaften erreicht werden soll.

§. 48. Die Auflösung ist nur nach vorgängigem Mehrheits=
beschlusse und mit Genehmigung der Bezirksregierung zulässig.

Zehnter Abschnitt.
Einwirkung der Regierung auf die Privatwaldwirthschaft.

Die pflegliche Behandlung und Benutzung der Privatwaldungen, und namentlich der kleinen, welche zu der ersten Gruppe gehören, sollte die Regierung ebenso zu fördern suchen, wie sie den landwirthschaftlichen Betrieb mit allen Mitteln zu heben bestrebt ist. Auch die Aufforstung der vielen noch vorhandenen Oedländereien zu Stande zu bringen, wäre eine sehr lohnende Aufgabe.

Höchste und werthvollste Produktion, höchste Bodenrente ist das Ziel, nach dem man im Staate streben muß; höchste Steuerkraft, vermehrter Reichthum müßte die Folge des erreichten Zieles sein; vorderhand sind wir noch weit von diesem Ziele weg, so weit, daß es noch als wie ein Ideal erscheint.

Für die Hebung des kleinen Forstbetriebes könnten folgende Mittel in Anwendung kommen:

1. Da das Beispiel am erfolgreichsten wirkt, so gebe man dieses Beispiel vor Allem in den Gemeindewaldungen, welche von Staatsforstbeamten bewirthschaftet werden, denn so lange dort mit Mißerfolg gewirthschaftet wird; so lange in diesen Waldungen eine durch Verordnungen geschützte schleichende Devastation stattfindet; so lange man dort Raubwirthschaft treibt, indem man Streunutzungen mit einem

3—4jähr. Wechsel zugibt; so lange daselbst das Vieh im Uebermaße und in kaum dem Maule desselben entwachsenen Schlägen weidet ꝛc., so lange wird auch der angrenzende kleine Privatwaldbesitzer nicht besser wirthschaften.

2. Wohlfeile Abgabe von guten Pflanzen aller Art aus den Pflanzschulen des Staates. (In Preußen und Bayern bestehen schon Verordnungen in dieser Richtung.)

3. Verbreitung einer richtigen Anschauung vom Walde, seiner Bewirthschaftung und Kultur im kleinen Besitz durch Lehrstunden über diese Gegenstände an den Ackerbauschulen, landwirthschaftlichen Fortbildungsschulen ꝛc.; durch populäre Vorträge bei den landwirthschaftlichen Kränzchen; Angabe der Bezugsquellen von gutem Samen und Pflanzen.

Man braucht nicht gerade in die Klasse der Idealisten zu gehören, und keine zu hohe, nur zur Ergreifung falscher Mittel verleitende Meinung von Bildung, Aufklärung ꝛc. zu haben, um solche und ähnliche Mittel vorzuschlagen. Sie werden langsam, sehr langsam, aber dann auch nachhaltiger wirken als Zwang, welcher aber leider nicht zu umgehen ist, denn bis die Einsicht durchgedrungen, könnte noch mancher Bergzug kahl gelegt werden.

Man ist um so mehr befugt, die Anwendung auch solcher Mittel vorzuschlagen, als unsere bisherigen Gesetze und Verordnungen, unsere Devastationsverbote ꝛc. in der Regel nichts oder wenig gefruchtet haben; oft auch nicht zur Ausführung gekommen sind; wobei wir immer wieder daran erinnern müssen, daß es sehr schwer ist, alle diese kleinen Wirthschaften zu überwachen, und daß eine wirksame Ueberwachung ein fortwährendes Eingreifen nothwendig machen würde.

Bei der Anwenduug dieser Mittel, namentlich der Belehrung in Lehrstunden und Vorträgen, muß aber sehr vor der Schablone gewarnt werden, denn nicht der uniforme Hochwald mit seinen hundertjährigen Umtrieben ist die Wirthschaft für den kleinen Wald=

besitzer, sondern ein möglichst regelrechter Fehmelbetrieb im Nadel=
walde, der Mittel= und Niederwald im Laubholze, das sind die
Wirthschaftsformen für den bäuerlichen Waldbesitz; Formen, welche
eine öfter und rascher wiederkehrende Einnahme gewähren, und was
die Hauptsache ist: den Boden möglichst rasch und vollständig decken
und schirmen.

Hiermit soll nur angedeutet werden, was in dieser Richtung
allenfalls geschehen könnte, und daß etwas geschehen muß, denn
wer wollte läugnen, daß man dem Privatwaldbesitze von Seite des
Staates bisher entweder keine, oder eine sehr geringe Aufmerk=
samkeit geschenkt hat, und doch ist gerade beim Waldbesitze nichts ver=
hängnißvoller als das verhängnißvolle „trop tard."

Tab

Regierungs-Bezirke.	Jährlicher Durchschnitts-				Geme
	Staatswaldungen.				Körpersch
	Stamm-holz. a.	Stock-holz. b.	Wellen. c.	Summa. a + b + c.	Stamm-holz. a.
	Klafter.		Hundert.	Klftr. und Well. Hdt.	Klafte
Schwaben	105153	3861	36232	145246	56265
	0.59	0.02	0.19	0.80	0.41
Oberbayern (Regierungs-Bezirk) .	162146	8945	19752	190843	33905
	0.49	0.03	0.06	0.58	0.46
Salinenbezirk	91610	28	790	92428	2481
	0.47			0.47	0.42
Niederbayern	133236	4010	6958	144204	15523
	0.73			0.79	0.51
Oberpfalz	137723	30018	17737	185478	15499
	0.41			0.55	0.34
Oberfranken	121440	31559	18266	171265	13494
	0.46			0.65	0.30
Mittelfranken	94141	30779	22936	147856	36465
	0.40			0.64	0.46
Unterfranken	112954	5686	30468	149108	100807
	0.35			0.46	0.30
Pfalz	115390	9073	16700	141163	62494
	0.36			0.44	0.25
Summa . .	1073793	123959	169839	1367591	336933
	0.45			0.58	0.30

a) Ganzen, b) pro Tagwerk der bestockten Fläche.

		Privatwaldungen.				Summa.			
	Summa. a+b +c.	Stamm- holz. a.	Stock- holz. b.	Wellen. c.	Summa. a+b +c.	Stamm- holz. a.	Stock- holz. b.	Wellen. c.	Summa. a+b +c.
	Klftr. u. Well.Hdt.	Klafter.		Hundert.	Klftr. und Well. Hdt.	Klafter.		Hundert.	Klftr. u. Well.Hdt.
7	81177	128909	6412	36612	171933	290327	11838	96191	398356
	0.60	0.45			0.60	0.50			0.66
9	41890	248656	20758	32298	301712	444707	30539	59199	534445
	0.57	0.41			0.50	0.44			0.53
0	3941	96833	—	11215	108048	190924	28	13465	204417
	0.66	0.43			0.49	0.46			0.50
4	17080	370946	19895	22832	413673	519705	24488	30764	574957
	0.56	0.47			0.52	0.52			0.57
7	21482	185751	40135	19121	245007	338973	74489	38505	451967
	0.47	0.32			0.42	0.35			0.47
9	26603	97732	26222	23128	147082	232666	61811	50473	344950
	0.52	0.30			0.42	0.35			0.52
5	57845	84351	24835	21292	130478	214957	63779	57443	336179
	0.48	0.26			0.41	0.32			0.50
5	165509	60687	1323	38101	100111	274448	10426	129854	414728
	0.42	0.25			0.42	0.28			0.43
3	98964	22512	1798	8671	32981	200396	20678	52034	273108
	0.40	0.25			0.37	0.30			0.41
9	514491	1296377	141378	213270	1651025	2707103	298076	527928	3533107
	0.46	0.37			0.47	0.39			0.51

Tabelle

Gebiete.	Jährlicher Durchschnitts-Ertrag					
	Staatswaldungen.				Gemeinde- Körperschaften	
	Stamm- holz. a.	Stock- holz. b.	Wellen. c.	Summa. a + b + c.	Stamm- holz. a.	Stock- holz. b.
	Klafter.		Hundert.	Klftr. und Well. Hdt.	Klafter.	
Alpen	140731 0.41	28	950	141709 0.42	19040 0.40	—
Land zwischen Alpen und Donau .	225756 0.74	12631	56941	295328 0.77	60536 0.54	338
Bayerischer Wald	1438832 0.66	9622	6105	159559 0.70	14610 0.51	115
Fränkischer Jura	101575 0.56	11991	15514	129080 0.62	32835 0.51	476
Fichtelgebirge	44665 0.48	14214	5618	64497 0.62	2880 0.40	126
Oberpfälzer Hügelland	50667 0.37	14819	7365	72851 0.47	4065 0.45	99
Frankenwald	36825 0.77	4649	3320	44794 0.86	1034 0.35	5
Rhöngebirge	23320 0.41	156	10912	34388 0.41	21230 0.57	23
Spessart	56125 0.43	1721	6774	64620 0.44	41075 0.52	257
Fränkische Höhe und Ebene . .	134907 0.48	45055	39640	219602 0.61	77134 0.37	851
Hardtgebirge	89150 0.42	4851	5648	99649 0.44	41723 0.31	648
Pfälzer Kohlengebirge	12104 0.29	2183	4111	18398 0.32	9248 0.44	47
Rheinebene	14136 0.50	2039	6941	23116 0.55	11523 0.43	284
Summa . .	1073793 0.45	123959	169839	1367591 0.58	336933 0.30	3273

B.

a) im Ganzen, b) pro Tagwerk der beftockten Fläche.

Stiftungs- und Waldungen.		Privatwaldungen.				Summa.			
Wellen. c.	Summa. a + b + c.	Stammholz. a.	Stockholz. b.	Wellen. c.	Summa. a + b + c.	Stammholz. a.	Stockholz. b.	Wellen. c.	Summa. a + b + c.
Hundert.	Klftr. u. Well. Hdt.	Klafter.	Hundert.	Klftr. und Well. Hdt.	Klafter.		Hundert.	Klftr. u. Well. Hdt.	
1600	20640 0.44	118503 0.43	—	9202	127705 0.46	278274 0.42	28	11752	290054 0.44
24263	88184 0.56	507153 0.47	35606	72259	615018 0.50	793445 0.49	51622	153463	998530 0.52
822	16582 0.55	201790 0.46	17639	12899	232328 0.50	360232 0.47	28411	19826	408469 0.51
10630	48225 0.56	170266 0.50	20726	24668	215660 0.55	304676 0.52	37477	50812	392965 0.58
345	4485 0.55	34673 0.45	11275	4224	50172 0.58	82218 0.46	26479	10187	119154 0.60
4525	9585 0.50	44160 0.43	10285	4950	59395 0.52	98992 0.42	26099	16840	141831 0.51
138	1231 0.39	18150 0.40	2570	3110	23830 0.45	56009 0.67	7278	6568	69855 0.75
13338	34806 0.57	9770 0.37	30	3320	13120 0.50	54320 0.33	424	27570	82314 0.50
14230	57875 0.54	23015 0.32	360	12220	35595 0.50	120215 0.49	4651	33224	158090 0.50
48265	133914 0.40	146385 0.36	41089	57747	245221 0.45	358426 0.41	94659	145652	598737 0.49
5680	53891 0.35	18282 0.32	1594	3005	22881 0.35	149155 0.36	12933	14333	176421 0.39
8383	18107 0.45	3906 0.44	128	4831	8865 0.45	25258 0.39	2787	17325	45370 0.42
12600	26966 0.48	324 0.42	76	835	1235 0.45	25983 0.44	4958	20376	51317 0.49
144819	514491 0.46	1296377 0.35	141378	213270	1651025 0.47	2707103 0.39	298076	527928	3533107 0.51

Tabelle

Bezirk.	Produk- tive Wald- fläche.	Von der produktionsfähigen Fläche sind belastet:					Produk- tive unbe- lastete Wald- fläche.	Produk- tive Wald- fläche.	Vo
		nur mit Holz- rechten.	nur mit Streu- rech- ten.	nur mit Weide- rechten.	mit Holz- ob. Streu- oder Weide- rechten zugleich.	Summa.			nur m Holz rech- ten:
	Tagwerk.	Tagwerke und Procentverhältniß.					Tagw.	Tagwerk.	Tag

A. Staatswaldungen.

									B
Schwaben . . .	188844	37736	3448	21829	52544 25	115557 61	73287 39	140243	1343
Oberbayern . . .	338580	30677	1970	31783	100813 30	165243 49	173337 51	76585	261
Salinenbezirk excl. Saalforste	212457	1451	828	3947	187207 88	192933 91	19524 9	6292	54
Niederbayern . .	186150	17155	1224	30232	42739 23	91350 49	94800 51	36377	202
Oberpfalz . . .	347836	34790	6723	32193	226910 65	300616 86	47220 14	49619	246
Oberfranken . . .	273580	40972	3931	12592	175087 64	232582 85	40998 15	53301	546
Mittelfranken . .	234234	44209	727	18512	128223 54	191671 82	42563 18	124019	518
Unterfranken . . .	323128	65569	—	29223	201525 62	296317 91	26811 9	406432	62378
Pfalz	325841	9131	2539	16035	250963 79	278668 85	47173 15	251335	1198
Summa	2430650	281690	20890	196346	1366011 56	1864937 77	565713 23	1144203	95306

C.

er produktionsfähigen Fläche sind belastet:				Produktive unbelastete Waldfläche.	Produktive Waldfläche.	Von der produktionsfähigen Fläche sind belastet:					Produktive unbelastete Waldfläche.
nur m.	nur m.	mit Holz- oder Streu- oder Weide- rechten zugl.	Sa.			nur m. Holz- rech- ten.	nur m. Streu- rech- ten.	nur mit Weide- rechten.	mit Holz- oder Streu- oder Weide- rechten zugl.	Sa.	
rm.	nur m. Weibe- rech- ten.										
werke und Procentverhältniß.				Tagw.	Tagwerk.	Tagwerke und Procentverhältniß.					Tagwerk.

Gemeindewaldungen.

C. Privatwaldungen.

334	5705	13521	46994	93249	299784	5417	8082	20359	13597	47455	252329
		9	33	67					4	16	84
500	1932	1580	6625	69960	608685	13120	—	6186	6241	25547	583138
		2	8	92					1	4	96
278	568	992	2383	3909	239041	430	2	31463	12797	44692	194349
		16	38	62					5	18	72
169	239	165	2595	33782	835134	11598	40	747	4351	16736	818398
		0.5	7	93					0.5	2	98
328	4533	8340	15666	33953	618932	7106	1709	7209	42005	58029	560903
		17	31	69					6	9	91
86	1853	5817	13218	40083	353517	6396	1492	14467	5208	27563	325954
		10	25	75					1.5	8	92
187	6463	2082	15921	108098	329224	1628	670	9529	3112	14939	314285
		2	13	87					0.9	4	96
—	46487	118782	227647	178785	240226	8855	282	13102	43471	65710	174516
		29	56	44					18	27	73
—	4777	2005	7980	243355	89209	—	1570	—	25818	27388	61821
		0.8	3	97					29	31	69
882	72557	153284	339029	805174	3613752	54550	13847	103062	156600	328059	3285693
		13	30	70					4.5	9	91

Tabelle D.

Regierungs-Bezirk. Staatswaldungen.	Von der produktionsfähigen Fläche sind belastet: a. Mit Holz- oder Streu- oder Weiderechten zugleich. %	b. Summe der Belastung überhaupt. %	Jährlicher Durchschnittsertrag pro Tagw. der bestockten Fläche. a. Stammholz. Klafter.	b. Stamm-, Stock- und Wellenholz. Klafter und Wellen-Hunderte.
1. Schwaben	25	61	0.59	0.80
2. Niederbayern	23	49	0.73	0.79
3. Oberfranken	64	85	0.46	0.65
4. Mittelfranken	54	82	0.40	0.64
5. Oberbayern	30	49	0.49	0.58
6. Oberpfalz	65	86	0.41	0.55
7. Salinenbezirk excl. Saalforste	88	91	0.46	0.47
8. Unterfranken	62	91	0.35	0.46
9. Pfalz	79	85	0.36	0.44

Verlagsbuchhandlung von Julius Springer in Berlin, N., Monbijouplatz 3.

GESCHICHTE
des
Waldeigenthums, der Waldwirthschaft
und
Forstwissenschaft in Deutschland
von
August Bernhardt,
Königlich Preussischem Forstmeister.

In 3 Bänden.

Band I.: **Von den ältesten Zeiten bis zum Jahre 1750.**
Preis 8 Mark.
Band II.: **Die Jahre 1750—1820.** Preis 9 Mark.
Band III. (Schluss) wird März 1875 ausgegeben.

Es ist längst als eine Wahrheit anerkannt, dass sich uns nur dann die Gesetze des Werdens auf allen Gebieten menschlichen Wissens enthüllen, wenn wir an der Hand einer ernsten historischen Forschung hinabsteigen zu den ernsten Keimen derjenigen Gedankenrichtungen, welche die Gegenwart bewegen, dass das Heute von uns nur dann ganz verstanden und beherrscht wird, wenn wir die Vergangenheit begriffen haben.

Diesen Weg der historischen Begründung und Erhellung der heutigen Zustände haben zur Zeit fast alle Wissenschaften beschritten. Wenige von ihnen aber beschäftigen sich mit Verhältnissen, welche dem allgemeinen Verständnisse so nahe liegen, in das Leben des Volkes und die allgemeine Kulturentwicklung so eng verflochten sind, als die Forstwissenschaft. Der Deutsche Wald ist mit dem Bewusstsein des Deutschen Volkes durch tausend Fäden verwachsen, seine Geschichte ist ein lebensfrischer Zweig der Geschichte des Volkes selbst.

Der Verfasser des vorliegenden Werkes hat es sich zur Aufgabe gestellt, in diesem Sinne eine Geschichte des Waldeigenthums, der Waldwirthschaft und Forstwissenschaft in Deutschland zu schreiben. Nicht die Spezialgeschichte eines einzelnen Wirthschaftszweiges allein ist es, welche er darstellt, sondern die Kulturentwicklung überhaupt, wie sie sich kund giebt in dieser speziellen Richtung menschlicher Bethätigung, deren Motive hergeleitet werden aus der Gesammtheit der politischen, socialen und wirthschaftlichen Bewegungen aller Zeiten.

Das Werk wird drei Bände umfassen, von denen der erste die Zeit bis zum Jahre 1750, der zweite die Periode von 1750 bis 1820 umfassen, während der Schlussband die neueste Zeit schildern wird. Band I. und II sind erschienen und von der Kritik in forstwissenschaftlichen, landwirthschaftlichen und historischen Zeitschriften, sowie in der politischen Tagesliteratur überaus günstig aufgenommen worden. Band III. wird bis Ostern 1875 ausgegeben werden.

Dass eine längst beklagte Lücke in der forstlichen Literatur durch diese Arbeit des Verfassers ausgefüllt, den Studirenden der Forstwirthschaft ein unentbehrliches wissenschaftliches Hülfsmittel dargeboten, der zukünftigen forsthistorischen Forschung eine sichere Grundlage geschaffen wird, ist von competenter Seite bereits anerkannt worden. Aber auch der Kulturhistoriker, Politiker und Staatswirth wird in diesem Werke ein bedeutungsvolles Hülfsmittel seiner eigenen Studien finden und jeder Gebildete dürfte dasselbe mit voller Befriedigung lesen und aus demselben reiche Belehrung schöpfen; denn das Gesammtbild der Arbeit des Menschengeschlechtes, durch welche dasselbe sich emporringt zur höheren Gesittung, zum Fortschritte auf allen Gebieten, bildet auch hier den Rahmen, in dem uns das Schaffen des Menschengeistes in einer speziellen Richtung zum Bewusstsein gebracht wird. Die Kenntniss der Geschichte unserer Kulturentwicklung aber darf mit Recht von jedem Gebildeten gefordert werden.

Verlagsbuchhandlung von Julius Springer in Berlin N., Monbijouplatz 3.

FORSTZOOLOGIE

von

Dr. Bernhard Altum,

Professor der Zoologie an der Königl. Forstakademie zu Neustadt-Eberswalde.

I. Band.	II. Band.
SÄUGETHIERE,	VÖGEL,
mit 63 meist Originalfiguren in Holzschnitt.	mit 36 Originalfiguren in Holzschnitt.
eleg. geh. Preis 6 Mark.	**eleg. geh. Preis 13 Mark.**

III. Band.
INSECTEN.

Erste Abtheilung.	Zweite Abtheilung.
Allgemeines und Käfer,	**(Schluss des Werkes)**
mit 38 Originalfiguren in Holzschnitt.	erscheint Juli 1875.
eleg. geh. Preis 8 Mark.	

Der

Waldwegbau und seine Vorarbeiten.

Von

Karl Schuberg,

Professor der Forstwissenschaft am gr. Polytechnikum zu Carlsruhe.

In zwei Bänden.

Mit 300 in den Text gedruckten Holzschnitten und 5 lithographirten Tafeln.

I. Band: **Die Instrumente, die allgemeinen Grundsätze und die Vorarbeiten.**
Das Nivelliren zum Zwecke des Wegebaues. — Der Einzelbau.
Preis 8 Mark.

II. Band: **Die Bauarbeiten, Kostenüberschläge und der Gesammtwegebau im Wirthschaftsbetriebe.**
Bauarbeiten. — Kostenüberschläge. — Arbeitsgebung. — Gestaltung der Wege für öffentlichen und eigenen Fahrbetrieb. — Wegpflege. — Wegbausystem und Wegnetz.
Preis 8 Mark.

Verlagsbuchhandlung von Julius Springer in Berlin, N., Monbijouplatz 3.

Forstliche Chrestomathie.

Beitrag zu einer
systematisch-kritischen Nachweisung und Beleuchtung der Literatur
der Forstbetriebslehre und der dahin einschlagenden Hülfs-
und Grundwissenschaften.

Mit Rücksicht auf die forstlichen Verhältnisse und Zustände aller Länder auf
historischen Grundlagen bearbeitet und zusammengestellt

von

Friedrich Freiherrn **von Löffelholz-Colberg**,

k. bayer. Oberförster zu Lichtenhof bei Nürnberg.

Heft 1 enthält:

Einleitung in die Forstwissenschaft. — Forstgeschichte. — Forststatistik und Forst-Literatur.

Preis 3 Mark 60 Pf.

Heft 2 enthält:

Forstjournalistik. — Forst- und landwirthschaftliche Vereine und Versammlungen. — Forstlicher Unterricht überhaupt. — Forst- und landwirthschaftliche Lehranstalten und Akademien. — Wissenschaftliche Fortbildungsmittel. — Nachträge.

Preis 6 Mark.

Heft 3, Abtheilung 1, enthält:

Grundwissenschaften der Forstwissensch. — In specie die Literatur der Mathematik überhaupt, der Geschichte ders. sowie der Arithmetik und Algebra.

Preis 8 Mark.

Heft 3, Abtheilung 2, enthält:

Die Literatur der Geometrie, Stereometrie u. höheren Mathematik überhaupt.

Preis 7 Mark.

Heft 4 enthält:

Angewandte Mathematik und in specie Forsttaxation. Anhang: Maaße, Gewichte und Münzen. — Nachträge, Ergänzungen und Verbesserungen.

Preis 7 Mark.

Heft V., Abtheilung 1, enthält:

Forstproductionslehre.

Preis 5 Mark.

MIX
Papier aus verantwortungsvollen Quellen
Paper from responsible sources
FSC® C105338

If you have any concerns about our products,
you can contact us on
ProductSafety@springernature.com

In case Publisher is established outside the EU,
the EU authorized representative is:
**Springer Nature Customer Service Center GmbH
Europaplatz 3, 69115 Heidelberg, Germany**

Printed by Libri Plureos GmbH
in Hamburg, Germany